饲料管理法律法规

李 俊 张 军 等 编著

中国农业科学技术出版社

图书在版编目（CIP）数据

饲料管理法律法规 100 问 / 李俊，张军编著 . -- 北京：中国农业科学技术出版社，2021.12

ISBN 978–7–5116–5529–5

Ⅰ.①饲…　Ⅱ.①李…②张…　Ⅲ.①饲料—综合管理—法规—中国　Ⅳ.① D922.44

中国版本图书馆 CIP 数据核字（2021）第 203657 号

责任编辑　金　迪　崔改泵
责任校对　马广洋
责任印制　姜义伟　王思文

出 版 者　中国农业科学技术出版社
　　　　　　北京市中关村南大街 12 号　　邮编：100081
电　　话　（010）82106625（编辑室）（010）82109702（发行部）
　　　　　　（010）82109709（读者服务部）
传　　真　（010）82106650
网　　址　http://www.castp.cn
经 销 者　各地新华书店
印 刷 者　中煤（北京）印务有限公司
开　　本　148mm×210mm　1/32
印　　张　3.5
字　　数　88 千字
版　　次　2021 年 12 月第 1 版　2021 年 12 月第 1 次印刷
定　　价　40.00 元

《饲料管理法律法规 100 问》
编著委员会

总 策 划：李 俊

主 编 著：李 俊 张 军

副主编著：段海涛 姚 婷 陆 静

编著人员（按姓氏笔画排序）：

王继彤　卞荣星　布艾杰尔·吾布力卡斯木

卢丽枝　卢春香　兰尊海　吕秀娟　吕秋威

邬本成　刘 荃　刘宏超　刘蕊莉　严义梅

芦 云　杜军霞　李洁妹　杨 洁　杨 莹

谷 旭　张 晓　张 博　张凤枰　陈洪贵

周小娟　郝燕娟　秦 超　钱广宇　郭丽丽

前言

为宣传贯彻饲料管理法规，普及饲料法规知识，用好法规政策指导工作实践，中国农业科学院饲料研究所组织有关专家，对饲料法规和标准在实际执行中常见的典型问题进行了收集、整理，形成本书。

本书精选了饲料管理条例及办法、规范使用、行政许可、饲料企业标准、饲料标签、检测方法选择与优化、检测结果判定、进口登记/进出口管理及服务、饲料质量安全管理规范、宠物饲料管理、监督执法、农业转基因管理等12个方面的100个典型问题，问题来源于基层饲料管理部门、生产企业、质检机构在实际工作中遇到的疑难困惑。有关专家根据我国饲料行业现有法律、法规和标准，同时充分考虑行业实际情况作出了解释和回答。主要采用一问一答的形式，部分回答作了适当延伸。

由于饲料管理法规体系庞杂，涉及面广，专业性强，本书难免有疏漏错误之处，敬请各位同行批评指正并提出宝贵意见。

编著者

2021 年 9 月

C O N T E N T S **目录**

第六章 检测方法选择与优化 ……………………………………… 34

第一章

条例及管理办法

01 ＞ 饲料法规对"委托生产"或"委托加工"有哪些规定?

答:《饲料和饲料添加剂生产许可管理办法》第十条规定:

饲料、饲料添加剂生产企业委托其他饲料、饲料添加剂企业生产的,应当具备下列条件,并向各自所在地省级饲料管理部门备案:

(一)委托产品在双方生产许可范围内;委托生产饲料添加剂、添加剂预混合饲料的〔注:依据《农业农村部办公厅关于实施添加剂预混合饲料和混合型饲料添加剂产品备案管理的通知》(农办牧〔2019〕32号),添加剂预混合饲料产品批准文号已改为备案制〕,双方还应当取得委托产品的产品批准文号。

(二)签订委托合同,依法明确双方在委托产品生产技术、质量控制等方面的权利和义务。

受托方应当按照饲料、饲料添加剂质量安全管理规范和饲料添加剂安全使用规范及产品标准组织生产,委托方应当对生产全过程进行指导和监督。委托方和受托方对委托生产的饲料、饲料添加剂质量安全承担连带责任。

委托生产的产品标签应当同时标明委托企业和受托企业的名称、注册地址、许可证编号;委托生产饲料添加剂、添加剂预混合饲料的,还应当标明受托方取得的生产该产品的批准文号。

《宠物饲料标签规定》第十八条规定:委托加工的宠物配合饲料、宠物添加剂预混合饲料产品,除标示本规定的所有内容外,还应当标示委托企业的名称、注册地址和生产许可证编号。

农业农村部公告第 307 号规定：养殖者自行配制的饲料（以下简称"自配料"）不得对外提供；不得以代加工、租赁设施设备以及其他任何方式对外提供配制服务。

也就是说，饲料和饲料添加剂生产企业委托其他生产企业生产饲料和饲料添加剂产品，该产品均应在双方生产许可范围，饲料添加剂还需要双方都获得产品批准文号，混合型饲料添加剂和添加剂预混合饲料产品双方都要在备案系统进行备案。

在饲料和饲料添加剂生产领域，委托生产是特定概念，专门指已获得生产许可证明文件（生产许可证、产品批准文号）的生产企业因为特定产品用量少、不值得专门开机生产，但自身生产或销售饲料产品又需要用到，可以委托同样获得该产品生产许可证明文件的生产企业代为加工、专门用于委托方自用或销售。这种情况才能称为委托生产。委托生产的双方对委托产品的质量安全负连带责任。

贸易公司、品牌方、研制者等研发一个产品，将产品配方、原料要求、产品规格等生产信息交给获得生产许可证明文件的企业生产，标以贸易公司、品牌方、研制者的商标或标识后上市销售的，这种情形不属于委托生产。我们认定这种行为属于商业化的合作生产行为，这种产品被认定为生产方的产品，产品的质量安全责任主体还是生产方，如果产品出现质量安全问题，处罚对象是生产方。

02 > 饲料法规对"定制产品"有哪些规定？

答：《饲料添加剂和添加剂预混合饲料产品批准文号管理办法》第四条规定：

饲料添加剂、添加剂预混合饲料生产企业为其他饲料、饲料添加剂生产企业生产定制产品的，定制产品可以不办理产品批准文号。

定制产品应当附具符合《饲料和饲料添加剂管理条例》第二十一条规定的标签，并标明"定制产品"字样和定制企业的名称、地址及其生产许可证编号。

定制产品仅限于定制企业自用，生产企业和定制企业不得将定制产品提供给其他饲料、饲料添加剂生产企业、经营者和养殖者。

从以上条款可以看出，饲料添加剂、添加剂预混合饲料生产企业以外的饲料生产企业是不能生产定制产品的。比如，配合饲料、浓缩饲料、精料补充料生产企业就不能生产定制产品。

GB 10648—2013《饲料标签》5.13.4 规定：应标明"定制产品"字样；除标明本章规定的基本内容外，还应标明定制企业的名称、地址和生产许可证编号；定制产品可不标示产品批准文号。

《农业农村部办公厅关于实施添加剂预混合饲料和混合型饲料添加剂产品备案管理的通知》（农办牧〔2019〕32 号）要求：定制产品依照本通知要求进行网络在线备案。

03 > 某添加剂预混合饲料中添加了酶制剂与维生素，未添加矿物质微量元素和氨基酸中任何一类，该产品属于维生素预混合饲料吗？

答： 不属于。

依据《饲料和饲料添加剂管理条例》第四十九条，添加剂预混合饲料，是指由两种（类）或者两种（类）以上营养性饲料添加剂为主，与载体或者稀释剂按照一定比例配制的饲料，包括复合预混合饲料、微量元素预混合饲料、维生素预混合饲料。

依据《饲料和饲料添加剂生产许可管理办法》第二十五条，维生素预混合饲料，是指两种或两种以上维生素与载体和（或）稀释剂按一定比例配制的均匀混合物，其中维生素含量应当满足其适用动物特定生理阶段的维生素需求，在配合饲料、精料补充料或动物饮用水中的添加量不低于 0.01% 且不高于 10%。

因为酶制剂不属于维生素，所以该添加剂预混合饲料不属于维生素预混合饲料。可以归入到混合型饲料添加剂。依据《混合型饲料添加剂生产企业许可条件》第二条，混合型饲料添加剂，是指由一种或一种以上饲料添加剂与载体或稀释剂按一定比例混合，但不属于添加剂预混合饲料的饲料添加剂产品。

第二章

规范使用

04 > 饲料和饲料添加剂规范使用相关法规文件有哪些?

答: 饲料和饲料添加剂规范使用相关法规文件包括《饲料原料目录》《关于〈饲料原料目录〉修订列表》(中华人民共和国农业农村部公告第 22 号)、《饲料添加剂品种目录》《关于〈饲料添加剂品种目录(2013)〉修订列表》(中华人民共和国农业农村部公告第 21 号)、《饲料添加剂安全使用规范》(中华人民共和国农业部公告第 2625 号)、《农业农村部关于规范养殖者自行配制饲料行为的有关规定》(中华人民共和国农业农村部公告第 307 号)、《关于停止生产、进口、经营、使用部分药物饲料添加剂的公告》(中华人民共和国农业农村部公告第 194 号)、《关于相关兽药产品质量标准修订和批准文号变更等有关事项的公告》(中华人民共和国农业农村部公告第 246 号)、《禁止在饲料和动物饮用水中使用的药物品种目录》(农业部、卫生部、国家药品监督管理局公告第 176 号)、《关于发布〈食品动物中禁止使用的药品及其他化合物清单〉的通知》(中华人民共和国农业农村部公告第 250 号)、《关于禁止在饲料中人为添加三聚氰胺和饲料中三聚氰胺限量规定的公告》(中华人民共和国农业部公告第 1218 号)、《关于停止将缩二脲作为饲料添加剂生产和使用的公告》(中华人民共和国农业部公告第 1282 号)、《关于禁止在饲料和动物饮用水中使用的物质名单的公告》(中华人民共和国农业部公告第 1519 号)。

上述法规文件的最新动态要随时予以关注。

05 ⟩ 饲料生产企业可以使用食品级的原料和添加剂吗?

答:《饲料原料目录》"特征描述"中标明"产品须由有资质的食品生产企业提供"原料,因此可以用食品级的。举例如下:

《饲料原料目录》(节选)

原料编号	原料名称	特征描述	强制性标识要求
1.11.14	小麦胚芽油	小麦胚经压榨或浸提制取的油脂。产品须由有资质的食品生产企业提供	酸价 过氧化值

"调味和诱食物质"饲料添加剂中"食品用香料"可以使用食品添加剂,具体见GB 2760—2014《食品安全国家标准 食品添加剂使用标准》中食品用香料名单。举例如下:

《饲料添加剂品种目录》(节选)

类别	通用名称	适用范围
香味物质	食品用香料、牛至香酚	养殖动物

农业农村部公告第21号规定:宠物饲料生产企业采购、使用本公告增补的78种饲料添加剂时,市场上无饲料级产品的,可采购、使用食品级或者医药级产品暂时替代。自2019年5月1日起,宠物饲料生产企业使用的饲料添加剂均应当具有相应的饲料许可证明文件。

每个行业都有各自的管理思路,不能照搬其他行业的思路。食品级添加剂不一定优于饲料级添加剂。总之,要有效保证饲料质量安全,进而保障动物性食品安全。

06 ⟩ 《饲料原料目录》中有鱼腥草,但"特征描述"是"……新鲜全草或干燥地上部分"。如果是鱼腥草提取物是否可以作为饲料原料?

答:《饲料原料目录》关于鱼腥草的定义节选如下:

《饲料原料目录》（节选）

原料编号	原料名称	特征描述	强制性标识要求
7.6.106	鱼腥草	三白草科蕺菜属植物蕺菜（*Houttuynia cordata Thunb.*）的新鲜全草或干燥地上部分	

依据农业部公告第 2038 号，修订"其他可饲用天然植物"定义。编号 7.6 定义：其他可饲用天然植物仅指所称植物或植物的特定部位经干燥或粗提或干燥、粉碎获得的产品。

而 2012 年 6 月 1 日农业部发布的第 1773 号公告《饲料原料目录》中"其他可饲用天然植物"定义为：仅指所称植物或植物的特定部位经干燥或干燥、粉碎获得的产品。

GB/T 19424—2018《天然植物饲料原料通用要求》3.4 条给出"天然植物粗提物"定义：天然植物采用适当的溶剂或其他方法对其中的有效成分进行提取，再经浓缩和（或）干燥，但未经进一步纯化获得产品。

GB/T 19424—2018《天然植物饲料原料通用要求》3.5 条给出"天然植物饲料原料"的定义：以植物学纯度不低于 95% 的单一天然植物干燥物、粉碎物或粗提物为原料，添加或不添加辅料制得的单一型产品；或以 2 种或 2 种以上天然植物干燥物、粉碎物或粗提物为原料，添加或不添加辅料，经复配加工而成的复配型产品；或由天然植物粉碎物和粗提物复配而成的混合型产品。

该标准注明：天然植物饲料原料包括天然植物干燥物饲料原料（单一型和复配型）、天然植物粉碎物饲料原料（单一型和复配型）、天然植物粗提物饲料原料（单一型和复配型）、混合型天然植物饲料原料。

因此，如果鱼腥草提取物是粗提物，可以作为饲料原料。如果是精制物，就不可以作为饲料原料。

07 ˃ 如果把食品添加剂 γ- 氨基丁酸用在混合型饲料添加剂中，可以吗？

答：可以。《饲料添加剂品种目录》中关于调味和诱食物质的节选如下：

《饲料添加剂品种目录》（节选）

类别		通用名称	适用范围
调味和诱食物质	甜味物质	糖精、糖精钙、新甲基橙皮苷二氢查耳酮	猪
		索马甜	养殖动物
		海藻糖、琥珀酸二钠、甜菊糖苷、5'- 呈味核苷酸二钠	犬、猫
		糖精钠、山梨糖醇	养殖动物
	香味物质	食品用香料、牛至香酚	养殖动物
	其他	谷氨酸钠、5'- 肌苷酸二钠、5'- 鸟苷酸二钠、大蒜素	养殖动物

食品用香料见 GB 2760—2014《食品安全国家标准 食品添加剂使用标准》中食品用香料名单。食品用香料包括天然香料和合成香料两种。γ- 氨基丁酸属于合成香料。

08 ˃ 如何正确理解农业部公告第 2625 号《饲料添加剂安全使用规范》中仔猪"断奶后前两周"？"断奶后前两周"有没有规定仔猪相应的体重范围呢？

答：农业部公告第 2625 号明确了仔猪阶段为≤25 kg，但只涉及猪配合饲料中的铜、锌的最高限量。判定猪用添加剂预混合饲料、猪浓缩饲料的铜、锌是否超过最高限量时，要根据猪用添加剂预混合饲料、猪浓缩饲料的添加比例折算到配合饲料后再判定。但往往存在相应的饲料标签或饲料企业标准没有标明添加比例，或标签与标准不一致，或标签与标准只有其中之一标明了添加比例的问题。而根据农业农村部饲料质量安全监督抽查工作的要求，是"从严判定"。

而"断奶后前两周"只是针对添加了氧化锌或碱式氯化锌至1 600 mg/kg（以配合饲料中锌元素计）的仔猪饲料。农业部公告第2625号明确规定：饲料企业生产仔猪断奶后前两周特定阶段配合饲料产品时，如在含锌110 mg/kg基础上使用氧化锌或碱式氯化锌，应在标签显著位置标明"本品仅限仔猪断奶后前两周使用"，未标明但实际含量超过110 mg/kg或者已标明但实际含量超过1 600 mg/kg的，按照超量使用饲料添加剂处理。

现实中，很少有标签标明"本品仅限仔猪断奶后前两周使用"。

"断奶后前两周"没有规定仔猪相应的体重范围。可以参考动物营养学常识或相关标准了解猪的各个阶段。仔猪一般28日龄断奶，对应体重7～8 kg。42日龄时，对应体重10～12 kg，一般体重10～11 kg。仔猪包括乳仔猪，乳仔猪是指出生后吮乳开始至断奶前的仔猪。

一定要注意：农业部公告第1224号中规定"仔猪≤30 kg"，然而该公告已于2018年7月1日废止。农业部公告第2625号中规定"仔猪≤25 kg"。

09 〉 农业部公告第2625号《饲料添加剂安全使用规范》使用要求的最高限量是猪配合饲料中铬≤0.2 mg/kg，而GB 13078—2017《饲料卫生标准》规定配合饲料中铬≤5 mg/kg，两个都是需要强制执行的。具体以哪个为准？

答：《饲料添加剂安全使用规范》规定在猪配合饲料中的最高允许添加的有机形态铬的限量为≤0.2 mg/kg。这里特别强调是指有机形态铬的添加限量。《饲料添加剂安全使用规范》是规范饲料添加剂产品的使用，要求不超量使用饲料添加剂。节选如下：

《饲料添加剂安全使用规范》（节选）

元素	化合物通用名称	化合物英文名称	化学式或描述	来源	含量规格（%） 以化合物计	含量规格（%） 以元素计	适用动物	在配合饲料或全混合日粮中的推荐添加量（以元素计，mg/kg）	在配合饲料或全混合日粮中的最高限量（以元素计，mg/kg）	其他要求
铬：来自以下化合物	烟酸铬	Chromium nicotinate	Cr(COO)₃ (吡啶结构)	化学制备	≥98.0	≥12.0	猪	0～0.2	0.2 （单独或同时使用）	饲料中铬的最高限量是指有机态铬的添加限量
	吡啶甲酸铬	Chromium tripicolinate	Cr(COO)₃ (吡啶结构)	化学制备	≥98.0	12.2～12.4		0～0.2		

　　《饲料卫生标准》是以强制性国家标准的形式限定饲料中各种有毒有害物质的最大允许量，是为了保证饲料的饲用安全，维护畜禽和人类的健康。《饲料卫生标准》规定了铬在配合饲料中的最高限量值为 5 mg/kg。并没有特指某种动物的配合饲料。节选如下：

GB 13078—2017《饲料卫生标准》（节选）

项目	产品名称		限量	试验方法
铬（mg/kg）	饲料原料		≤5	GB/T 13088—2006（原子吸收光谱法）
	饲料产品	猪用添加剂预混合饲料	≤20	
		其他添加剂预混合饲料	≤5	
		猪用浓缩饲料	≤6	
		其他浓缩饲料	≤5	
		配合饲料	≤5	

　　同时也指定了试验方法是采用 GB/T 13088—2006《饲料中铬的测定》中原子吸收光谱法，而该方法检测出的铬是饲料中的总铬含量。需要特别注意的是：GB/T 13088《饲料中铬的测定》这个标准即使更新了，也要用 2006 版的标准，因为它被 GB 13078—2017《饲料卫生标准》加年代号引用了。

　　另外，在添加了烟酸铬或吡啶甲酸铬的情况下，一定在相应饲料企业标准和饲料标签中同时明确标示有机铬的添加量。否则，容易造成"误判"。现实中，目前没有开展饲料中铬的形态检测，都是检测总铬。

第三章

CHAPTER 3

行政许可

10 〉 饲料行政许可相关法规文件有哪些？

答： 饲料行政许可相关法规文件包括《饲料和饲料添加剂生产许可管理办法》（中华人民共和国农业部令 2012 年第 3 号）、《饲料添加剂和添加剂预混合饲料产品批准文号管理办法》（中华人民共和国农业部令 2012 年第 5 号）、《饲料质量安全管理规范》（中华人民共和国农业部令 2014 年第 1 号）、《关于饲料生产企业许可条件的公告》（中华人民共和国农业部公告第 1849 号、农业部令 2017 年第 8 号修订）、《关于混合型饲料添加剂生产企业许可条件的公告》（中华人民共和国农业部公告第 1849 号、农业部令 2017 年第 8 号修订）、《关于饲料添加剂生产许可申报材料要求的公告》（中华人民共和国农业部公告第 1867 号、农业部令 2017 年第 8 号修订）、《关于混合型饲料添加剂生产许可申报材料要求的公告》（中华人民共和国农业部公告第 1867 号、农业部令 2017 年第 8 号修订）、《关于添加剂预混合饲料生产许可申报材料要求的公告》（中华人民共和国农业部公告第 1867 号、农业部令 2017 年第 8 号修订）、《关于浓缩饲料、配合饲料、精料补充料生产许可申报材料要求的公告》（中华人民共和国农业部公告第 1867 号、农业部令 2017 年第 8 号修订）、《关于单一饲料生产许可申报材料要求的公告》（中华人民共和国农业部公告第 1867 号、农业部令 2017 年第 8 号修订）、《关于宠物饲料管理的公告》（中华人民共和国农业农村部公告第 20 号）、

《农业部办公厅关于饲料和饲料添加剂生产许可证核发范围和标示方法的通知》（农办牧〔2012〕42 号）、《农业部办公厅关于印发饲料和饲料添加剂生产许可现场审核表的通知》（农办牧〔2012〕45 号）、《农业部办公厅关于贯彻落实饲料行业管理新规推进饲料行政许可工作的通知》（农办牧〔2012〕46 号）、《农业部办公厅关于饲料添加剂和添加剂预混合饲料生产企业审批下放工作的通知》（农办牧〔2013〕38 号）、《关于饲料和饲料添加剂委托生产备案表的公告》（农业部公告 2013 年第 1954 号、农业部令 2017 年第 8 号修订）、《农业部办公厅关于办理饲用香味剂行政许可有关事项的通知》（农办牧〔2014〕16 号）、《国务院关于取消和下放一批行政许可事项的决定》（国发〔2019〕6 号）（饲料添加剂预混合饲料、混合型饲料添加剂产品批准文号核发）、《农业农村部办公厅关于实施添加剂预混合饲料和混合型饲料添加剂产品备案管理的通知》（农办牧〔2019〕32 号）、《农业农村部畜牧兽医局关于"饲料和饲料添加剂产品备案系统"试运行的通知》（农牧便函〔2019〕562 号）、《关于农业农村部行政许可事项服务指南的公告》（农业农村部公告 2019 年第 222 号）、《农业农村部办公厅印发落实〈国务院关于在自由贸易试验区开展"证照分离"改革全覆盖试点的通知〉实施方案的通知》（农办质〔2019〕41 号）。

要关注上述法规文件的最新动态。

11 > 生产《饲料添加剂品种目录》中的饲料添加剂杜仲叶提取物，是否需要有审批？

答：先要确认该企业到底是生产杜仲叶粗提物，还是饲料添加剂杜仲叶提取物。前者不用办生产许可证。后者，需要办生产许可证，并取得产品批准文号。建议企业从技术能力和市场需求的角度，综合考虑产品类型：饲料添加剂、粗提物，还是混合型饲料添加剂。

三者的用途或作用差异较大，对应的生产许可等监管要求差异较大。依据《农业农村部办公厅关于实施添加剂预混合饲料和混合型饲料添加剂产品备案管理的通知》（农办牧〔2019〕32 号），如果是生产混合型饲料添加剂，无须产品批准文号，但需要通过相关系统网络在线备案。

现实中，从技术上区分杜仲叶粗提物、饲料添加剂杜仲叶提取物、混合型饲料添加剂杜仲叶提取物也不是一件容易的事。

12 ﹀ 饲料酸化剂是一种新型饲料添加剂吗？

答： 不是。饲料酸化剂是一种混合型饲料添加剂。《混合型饲料添加剂生产企业许可条件》和《饲料标签》对"混合型饲料添加剂（feed additive blender）"的定义：由一种或一种以上饲料添加剂与载体或稀释剂按一定比例混合，但不属于添加剂预混合饲料的饲料添加剂产品。

（1）GB/T 22141—2018《混合型饲料添加剂酸化剂通用要求》3.1：

酸化剂（acidifier）为通过饲料或饮水在动物消化道发挥酸化作用（降低 pH 值）的物质。

（2）GB/T 22141—2018《混合型饲料添加剂酸化剂通用要求》3.2：

混合型饲料添加剂酸化剂（acidifiers as mixed feed additive）是以一种酸化剂添加辅料，或两种以上（含两种）酸化剂添加或不添加辅料，经复配混合加工而成的均匀混合物。

一定要注意 GB/T 22141—2018《混合型饲料添加剂酸化剂通用要求》的规范性附录：附录 A 和附录 B。节选如下：

允许使用的酸化剂名单（节选）

序号	名称
1	乳酸
2	磷酸
3	富马酸
4	柠檬酸
5	苹果酸
6	甲酸
7	乙酸
8	丁酸
9	酒石酸
10	甲酸铵
11	二甲酸钾
12	《饲料添加剂品种目录》中增补的酸化剂品种

《饲料添加剂品种目录》中关于防腐剂、防霉剂和调节剂的要求节选如下：

《饲料添加剂品种目录》（节选）

类别	通用名称	适用范围
防腐剂、防霉剂和调节剂	甲酸、甲酸铵、甲酸钙、乙酸、双乙酸钠、丙酸、丙酸铵、丙酸钠、丙酸钙、丁酸、丁酸钠、乳酸、苯甲酸、苯甲酸钠、山梨酸、山梨酸钠、山梨酸钾、富马酸、柠檬酸、柠檬酸钾、柠檬酸钠、柠檬酸钙、酒石酸、苹果酸、磷酸、氢氧化钠、碳酸氢钠、氯化钾、碳酸钠	养殖动物
	乙酸钙	畜禽
	焦磷酸钠、三聚磷酸钠、六偏磷酸钠、焦磷酸一氢三钠	宠物
	焦亚硫酸钠	宠物、猪
	二甲酸钾	猪
	氯化铵	反刍动物

13 〉 饲料法规对"计算机自动化控制系统"有哪些规定？

答：计算机自动化控制系统，又简称"配料秤"或"自动配料系统"。

依据《饲料生产企业许可条件》第十九条，浓缩饲料、配合饲料、精料补充料生产企业的配料、混合工段采用计算机自动化控制系统，配料动态精度不大于 3‰，静态精度不大于 1‰。

依据《添加剂预混合饲料生产许可申报材料要求》，配料、混合工段采用计算机自动化控制系统的企业需提供计算机自动化控制系统配料精度的自检报告或专业检验机构出具的检验报告或系统供应商提供的技术参数证明复印件。

14 〉 哪些情形应当设立微生物检验室？对缓冲间有哪些要求？

答：《饲料添加剂生产许可申报材料要求》规定：采用生物发酵工艺生产饲料添加剂的，应当填写微生物检验所需的检验仪器，应当标明微生物检验室以及检验室的基本尺寸和检验仪器的位置。

《混合型饲料添加剂生产许可申报材料要求》规定：产品中含有微生物添加剂的，还应当标明微生物检验室以及检验室的基本尺寸和检验仪器的位置。

《单一饲料生产许可申报材料要求》规定：生产动物源性单一饲料和采用生物发酵工艺生产单一饲料的，应当填写微生物检验所需的检验仪器，应当标明微生物检验室以及检验室的基本尺寸和检验仪器的位置。

《宠物饲料生产企业许可条件》规定：生产固态宠物配合饲料和半固态宠物配合饲料的，还应当设立微生物检验室。微生物检验室具有符合要求的准备间、缓冲间、无菌间和超净工作台。《宠物配合饲料生产许可申报材料要求》规定：应当标明微生物检验室及其准备间、缓冲间、无菌间的基本尺寸。

GB 50346—2011《生物安全实验室建筑技术规范》对"缓冲间"的定义：设置在被污染概率不同的实验室区域间的密闭室。需要时，可设置机械通风系统，其门具有互锁功能，不能同时处于开启状态。根据 GB/T 27405—2008《实验室质量控制规范　食品微生物检测》的要求，缓冲间应设置能达到空气消毒效果的紫外灯或其他适宜的消毒装置。

缓冲间为半污染区，在实验室中起辅助实验与衰减污染的作用，正常操作一般不易发生实验因子的污染，但存在潜在污染的可能。

第四章
CHAPTER 4
饲料企业标准

15 〉 饲料产品企业标准存在的主要问题有哪些？

答：饲料产品企业标准不仅是饲料生产企业组织生产和经营的依据，还是政府部门对企业的饲料产品进行质量安全监督抽查及执法的重要依据。为了保证饲料产品的科学性、适用性、可操作性及合法性，每个饲料企业都应该依据自己的产品类型、配方变化、工艺要求的不同以及市场需求，制定科学、安全、实用及对生产有指导意义的企业标准。

现实中，饲料产品企业标准存在的主要问题：一个标准包括配合饲料、浓缩饲料和复合预混合饲料等产品；标准名称不规范，忽视饲喂对象和饲喂阶段；标准更新不及时；标准年代号更新不规范；规范性引用文件不规范，存在无效引用文件；营养成分相关要素不规范，特别是分析保证值设置不规范；随意引用检测方法标准，特别是一些混合型饲料添加剂主成分的检测方法；出厂检验项目过于简单；饲喂阶段及添加比例模糊或过于宽泛。

16 〉 企业标准的名称如何规范？

答：按照 GB/T 1.1—2020《标准化工作导则　第 1 部分：标准化文件的结构和起草规则》6.1 文件名称，文件名称是对文件所覆盖的主题的清晰、简明的描述。任何文件均应有文件名称，并应置于封面中和正文首页的最上方。文件名称的表述应使得某文件易于与其他文件相区分，不应涉及不必要的细节，任何必要的补充说明由范围给出。

饲料产品企业标准名称中要素名称主要以国务院农业行政主管部门公布的《饲料原料目录》《饲料添加剂品种目录》中的名称、GB 10648《饲料标签》5.2 产品名称、GB/T 10647—2008《饲料工业术语》及相关饲料法规为准。暂无规定的，可以依据饲料行业常识或约定俗成的名称。当前一部分饲料产品的行业标准、国家标准、团体标准中有些用语不规范。

17> 企业标准"范围"一章应给出哪些具体信息？

答：按照 GB/T 1.1—2020《标准化工作导则　第 1 部分：标准化文件的结构和起草规则》8.5 范围，范围这一要素用来界定文件的标准化对象和所覆盖的各个方面，并指明文件的适用界限。必要时，范围宜指出那些通常被认为文件可能覆盖，但实际上并不涉及的内容。分为部分文件的各个部分，其范围只应界定各自部分的标准化对象和所覆盖的各个方面。

饲料产品的各组分（含载体、稀释剂）及其适用动物一定要符合农业农村部公布的《饲料原料目录》和《饲料添加剂品种目录》。

饲料添加剂要明确主要原料、生产工艺、载体名称。酶制剂、微生物要具体说明应用菌种、发酵工艺、载体名称。混合型饲料添加剂要明确饲料添加剂来源（本公司生产或购进）、混合工艺（载体混合或载体吸附或油脂乳化或其他）、载体的名称。

比如"范围"举例如下：

本标准规定了肉仔鸡配合饲料的产品分类与编号、要求、营养成分指标、试验方法、检验规则以及饲料标签、包装、运输和贮存等要求。

本标准适用于肉仔鸡配合饲料。

18 > 企业标准 "规范性引用文件" 的编写原则？企业标准中可引用国家标准、行业标准，是否也可引用地方标准？

答：按照 GB/T 1.1—2020《标准化工作导则　第 1 部分：标准化文件的结构和起草规则》8.6 规范性引用文件，规范性引用文件这一要素用来列出文件中规范性引用的文件，由引导语和文件清单构成。该要素应设置为文件的第 2 章，其不应分条。

文件清单中应列出该文件中规范性引用的每个文件，列出的文件之前不给出序号。注日期的引用文件，给出"文件代号、顺序号及发布年份号和 / 或月份号"以及"文件名称"；不注日期的引用文件，给出"文件代号、顺序号"以及"文件名称"；不注日期引用文件的所有部分，给出"文件代号、顺序号"和"（所有部分）"以及文件名称中"引导元素（如果有）和主体元素"；引用国际文件、国外其他出版物，给出"文件编号"或"文件代号、顺序号"以及"原文名称的中文译名"，并在其后的圆括号中给出原文名称。

要注意引用文件的排列顺序：国家标准、行业标准、团体标准等。详见 GB/T 1.1—2020《标准化工作导则　第 1 部分：标准化文件的结构和起草规则》。对于企业标准，一般不可以引用地方标准。现实中一些团体标准不能公开获得。

企业标准不应引用不能公开获得的文件；不应引用已被代替或废止的文件；不应规范性引用法律、行政法规、规章和其他政策性文件，也不应普遍性要求符合法规或政策性文件的条款。诸如"……应符合国家有关法律法规"的表述是不正确的。因为不管是否声明符合标准，企业标准均需要遵守法律法规。

19 > 企业标准中 "术语和定义" 一章有无必要？

答：按照 GB/T 1.1—2020《标准化工作导则　第 1 部分：标准

化文件的结构和起草规则》8.7 术语和定义，术语和定义这一要素用来界定为理解文件中某些术语所必需的定义，由引导语和术语条目构成。该要素应设置为文件的第 3 章，为了表示概念的分类可以细分为条，每条应给出条标题。术语和定义这一要素中界定的术语应同时符合下列条件：文件中至少使用两次；专业的使用者在不同语境中理解不一致；尚无定义或需要改写已有定义；属于文件范围所限定的领域内。现实中，一些酶制剂产品没有给出"酶活力"的术语和定义，一些微生物饲料添加剂没有给出"杂菌"的术语和定义。这样不利于企业的产品销售，也容易引起不必要的误解和纠纷。

如果没有需要界定的术语和定义，应在章标题下给出以下说明："本文件没有需要界定的术语和定义"。

20 > 企业标准中是否必须设置"分类和编号"一章？怎样设置？产品的通用名称如何规范？通用名称命名为"牛羊精料补充料"是否可以？

答：按照 GB/T 1.1—2020《标准化工作导则 第 1 部分：标准化文件的结构和起草规则》8.9 分类和编码/系统构成。分类和编码这一要素用来给出针对标准化对象的划分以及对分类结果的命名或编码，以方便在文件核心技术要素中针对标准化对象的细分类别作出规定。它通常涉及"分类和命名""编码和代码"等内容。

但由于饲料行业的特点，同一饲料产品类别或通用名称下，有一系列的饲料种类，因此大部分饲料产品的企业标准都有"分类和编码"一章。如果涉及的分类及编码较少，可以在"范围"一章中描述。

一般可以用列表的形式，在"分类和编码"列表中，饲料添加剂产品、混合型饲料添加剂产品注明"适用动物"，添加剂预混合饲料产品注明"饲喂阶段"。

添加剂产品的适用动物要符合农业部公告第 2625 号《饲料添加

剂安全使用规范》的要求。添加剂预混合饲料产品的饲喂阶段的划分最好与《饲料添加剂安全使用规范》的要求一致，畜禽通用产品尤其要注意，饲喂阶段与技术指标密切相关。用于反刍动物的添加剂预混合饲料，要标明其添加使用比例是用于反刍动物精料补充料还是全混合日粮中。用于精料补充料的要标明精料补充料的添加量，在表中说明"表中产品是指在占全混合日粮 ×× % 的精料补充料中使用""表中产品是指直接在全混合日粮中使用"。

饲料产品的通用名称主要以国务院农业行政主管部门公布的《饲料原料目录》《饲料添加剂品种目录》中的名称、GB 10648—2013《饲料标签》5.2 产品名称、GB/T 10647—2008《饲料工业术语》及其他相关饲料法规、标准为准。暂无规定的，可以依据饲料行业常识或约定俗成的名称。

一个产品必须要有一个通用名称。一个产品可以没有商品名称，也可以没有产品代号。可以同时使用通用名称、产品代号和商品名称。通用名称与产品代号和商品名称应一一对应。商品名称应规范。商品名称中不能有类似治病防病、增强免疫力等调节动物生理机能的字样；不能有"霸、王、超、肽、精"等容易引起歧义或误导的字样。

比如，产品的通用名称为：×××× 预混合饲料、×××× 浓缩饲料、×××× 配合饲料、×××× 精料补充料。

通用名称不能命名为"牛羊精料补充料"，应该把牛羊分开，写成"牛精料补充料"或"羊精料补充料"。

21 > GB/T 5915—2020《仔猪、生长育肥猪配合饲料》中营养成分指标粗蛋白质含量是范围值，如何理解？

答：GB/T 5915—2020 仔猪、生长育肥猪配合饲料的主要营养成分指标节选如下：

主要营养成分指标（节选）

项目	仔猪配合饲料		生长育肥猪配合饲料			
	3～ <10 kg	10～ <25 kg	25～ <50 kg	50～ <75 kg	75～ <100 kg	100 kg至 出栏
粗蛋白质 （%）	17.0～ 20.0	15.0～ 18.0	14.0～ 16.0	13.0～ 15.5	11.0～ 14.0	10.0～ 13.0

低蛋白质日粮配制技术的发展与应用，可以减少氮磷排放。该标准在以往对粗蛋白质、总磷只规定下限值的基础上增设了上限值。该国标是告诉企业可以选择粗蛋白质指标区间的某个值，作为下限。不是告诉企业把饲料标签上产品成分分析保证值粗蛋白质含量也用范围值来标示。当然，企业非要标范围值，也是合规的。现实中，标范围值的情况极少见，增加了饲料产品被"误判"不合格的风险。

22＞ 现在饲料（配合饲料、浓缩饲料、添加剂预混合饲料）的型式检验还需要做吗？需要做的话，是必须检测产品所执行的标准中的所有项目吗？

答： 虽然《饲料质量安全管理规范》等饲料法规文件没有对产品型式检验做出要求，但是产品型式检验却是产品标准中规定的一项企业义务。一般，依据产品标准，由质量技术监督部门或检验机构对产品各项指标进行抽样全面检验。检验项目为产品标准技术要求中规定的所有项目。

进行产品型式检验的时点：①新产品投产或长期停产后恢复生产时；②产品配方或生产工艺发生重大改变，可能影响产品质量时；③出厂检验结果、定期检验结果与上次型式检验有较大差异时；④饲料管理部门提出进行型式检验的要求时；⑤正常生产的情况下，至少每年进行一次型式检验。

产品型式检验注意事项：①可以由企业的饲料检验化验员在本

企业的实验室内进行，也可以实施委托检验，但对接受委托的检验机构，国家没有限制性要求；②既可以全部项目均由本企业的实验室进行，也可以把全部项目实施委托检验，还可以由本企业的实验室检验能够检测的部分项目，而把不能检测的项目实施委托检验；③注意收集和保存本企业实验室的检测记录或检验报告以及委托检验报告；④如果型式检验的结果与产品质量标准差异较大，应查明原因，及时修订产品质量标准或调整产品配方或改进生产工艺。

其实，无论怎么规定，核心思想也是保障饲料质量安全，保护买卖双方。做得好的一些企业会制定高于法规要求的内部管理制度。

23 > 企业标准的复审周期不超过 3 年，是否说明企业标准有效期一般为 3 年？

答：《企业标准化管理办法》（国家技术监督局令第 13 号）第十三条规定：企业标准应定期复审，复审周期一般不超过三年。当有相应国家标准、行业标准和地方标准发布实施后，应及时复审，并确定其继续有效、修订或废止。

不能简单地认为有效期就是复审周期。

当国家有关法律、法规、规章以及产业政策作出调整或者重新规定，或相关国家标准、行业标准、地方标准和团体标准发布实施，或企业对产品进行了工艺改进和技术改造、对服务提供进行了改进，或所引用规范性文件相关条款进行了修订时，企业应当对其制定的企业标准及时开展复审，并确定其继续有效、修订或废止。

同时，根据《中华人民共和国立法法》相关规定，在不同宪法、法律、行政法规相抵触的前提下，可以制定地方性法规；可以根据法律、行政法规和本省、自治区、直辖市的地方性法规，制定规章。关于各省市在地方性法规或地方政府规章中涉及企业标准有效期相关规定的问题，请及时咨询当地法规或规章的制定部门。

第五章

饲料标签

24 ﹥ 饲料标签存在的主要问题有哪些？

答：饲料标签是饲料生产企业展示产品质量和标示其他信息的一种重要途径，也是使用者选择和正确使用饲料产品的重要依据。饲料标签不仅标示产品的各项指标，也是体现一个企业的社会责任，对客户、对产品的态度。饲料标签必须符合 GB 10648—2013《饲料标签》及相关法律法规要求。

现实中，饲料标签存在的主要问题：没有标示"本产品符合饲料卫生标准"字样，或标示不规范；"本产品含有允许添加的抗球虫类药物"字样标示不规范；产品名称不规范，个别存在误导；产品成分分析保证值与相应企业产品标准不一致；标示的原料组成不符合规定，出现"免疫增强剂""超效维生素""生理激活剂"等原料名称；标签上的产品标准编号与现行有效的企业标准的年代号不一致，特别是新旧标签混用；添加比例或推荐配方及注意事项标示不规范；添加比例或推荐配方模糊或过于宽泛；标签"缝包线"设计不合理，不利于缝包作业。

25 ﹥ 饲料法规对"饲料标签"有哪些规定？

答：《饲料和饲料添加剂管理条例》、GB 10648—2013《饲料标签》、农业农村部公告第 20 号、《饲料质量安全管理规范》等都有对"饲料标签"的相关规定。

《饲料和饲料添加剂管理条例》第二十一条：饲料、饲料添加剂的包装上应当附具标签。标签应当以中文或者适用符号标明产品名称、原料组成、产品成分分析保证值、净重或者净含量、贮存条件、使用说明、注意事项、生产日期、保质期、生产企业名称以及地址、许可证明文件编号和产品质量标准等。加入药物饲料添加剂的，还应当标明"加入药物饲料添加剂"字样，并标明其通用名称、含量和休药期（注：目前已经没有"药物饲料添加剂"的概念，《饲料和饲料添加剂管理条例》正在修订中）。乳和乳制品以外的动物源性饲料，还应当标明"本产品不得饲喂反刍动物"字样。

《饲料和饲料添加剂管理条例》第二十四条：向中国出口的饲料、饲料添加剂应当包装，包装应当符合中国有关安全、卫生的规定，并附具符合本条例第二十一条规定的标签。

向中国出口的饲料、饲料添加剂应当符合中国有关检验检疫的要求，由出入境检验检疫机构依法实施检验检疫，并对其包装和标签进行核查。包装和标签不符合要求的，不得入境。

《饲料和饲料添加剂管理条例》第四十一条：饲料、饲料添加剂生产企业销售的饲料、饲料添加剂未附具产品质量检验合格证或者包装、标签不符合规定的，由县级以上地方人民政府饲料管理部门责令改正；情节严重的，没收违法所得和违法销售的产品，可以处违法销售的产品货值金额 30% 以下罚款。

《饲料和饲料添加剂管理条例》第四十六条：（三）生产、经营的饲料、饲料添加剂与标签标示的内容不一致的。

饲料、饲料添加剂生产企业有前款规定的行为，情节严重的，由发证机关吊销、撤销相关许可证明文件；饲料、饲料添加剂经营者有前款规定的行为，情节严重的，通知工商行政管理部门，由工商行政管理部门吊销营业执照。

GB 10648—2013《饲料标签》规定了饲料、饲料添加剂和饲料原料标签标示的基本原则、基本内容和基本要求。该标准适用于商品饲料、饲料添加剂和饲料原料（包括进口产品），不包括可饲用原粮、养殖者自行配制使用的饲料、宠物饲料（食品）。

《饲料质量安全管理规范》第二十条规定：企业应当建立产品标签管理制度，规定标签的设计、审核、保管、使用、销毁等内容。产品标签应当专库（柜）存放，专人管理。

26 › 在保证饲料包装和饲料标签内容齐全，符合国家强制性标准《饲料标签》的前提下，外包装袋的印刷内容是否有要求？

答：可以不印刷任何内容，俗称"白袋子"，比如：集装袋（俗称"吨袋""吨包"）。如果要印刷内容，就要符合《中华人民共和国广告法》和国家强制性标准 GB 10648—2013《饲料标签》的要求。

GB 10648—2013《饲料标签》对"饲料标签"的定义：以文字、符号、数字、图形说明饲料、饲料添加剂和饲料原料内容的一切附签或其他说明物。《宠物饲料标签规定》对"宠物饲料标签"的定义：以文字、符号、数字、图形等方式粘贴、印刷或者附着在产品包装上用以表示产品信息的说明物的总称。可以看出宠物饲料标签的定义更加明确，也就是说包装袋上的印刷内容也是标签的范畴。宠物饲料包装和标签基本是"一体化"了。

《中华人民共和国广告法》第四条规定：广告不得含有虚假或者引人误解的内容，不得欺骗、误导消费者。

《中华人民共和国广告法》第二十一条规定：农药、兽药、饲料和饲料添加剂广告不得含有下列内容：

（一）表示功效、安全性的断言或者保证。

（二）利用科研单位、学术机构、技术推广机构、行业协会或者专业人士、用户的名义或者形象作推荐、证明。

（三）说明有效率。

（四）违反安全使用规程的文字、语言或者画面。

（五）法律、行政法规规定禁止的其他内容。

包装袋上不能印刷两个及两个以上的饲料生产企业名称和地址。

27 › 饲料标签上产品成分分析保证值粗蛋白质含量用范围值来标示，符合 GB 10648—2013《饲料标签》要求吗？

答：首先，这种情况很少见，市场上倒是见过。之前，有的饲料产品因为粗蛋白质实际检测值超过了标签标示的上限被判产品不合格。还发生过，某配合饲料的粗蛋白质分析保证值标示小于等于某个值，实际检测值大于该值，也被判产品不合格。另外，作为使用该产品的养殖场（户）有时会吃亏。比如，如下表。养殖场（户）以为买的是粗蛋白质含量 17% 的配合饲料，但也许粗蛋白质含量为 15%。

产品成分分析保证值（%）

产品名称	粗蛋白质	粗纤维	钙	氯化钠	赖氨酸
猪配合饲料	15.0～17.0	≤7.5	0.5～1.0	0.4～1.0	≥1.05

28 › 有些浓缩饲料的标签中标示的添加比例是一个范围，如 10%～12%；有些标示的添加比例依据不同原料（如玉米、麦麸）、不同使用阶段也各不相同；还有一些标签中没有标示添加比例。该如何确定添加比例来进行折算？

答：按从严判定的原则，如 10%～12%，按 12% 判定。不同原料、不同使用阶段的情况，按添加比例最大的判定。要从标签及产品企业标准中确认配比，按添加比例高的判定。若无法确认，要具体情况具体分析。

29 〉《饲料添加剂品种目录》中"通用名称"栏内括号列出的可以与括号前的名称等同使用吗？如：甘氨酸铁络（螯）合物。如果这种写法出现在产品标签上是否合格？

答：一般不可以等同使用，要具体情况具体分析。比如，甘氨酸铁络（螯）合物，实际上包含了两种不同生产工艺生产的有机微量元素，络合物还是螯合物只能选择其一。如果这种写法出现在产品标签上是不合格的。

30 〉 饲料标签上企业所执行的产品标准编号需要加上年（代）号吗？

答：需要加。所谓"生产该产品所执行的标准编号"是指企业在生产该项产品时所依据的那个标准的编号。该标准可以是国家标准、行业标准、团体标准或公开声明的企业标准。

《中华人民共和国标准化法》第二十七条规定：国家实行团体标准、企业标准自我声明公开和监督制度。企业应当公开其执行的强制性标准、推荐性标准、团体标准或者企业标准的编号和名称；企业执行自行制定的企业标准的，还应当公开产品、服务的功能指标和产品的性能指标。国家鼓励团体标准、企业标准通过标准信息公共服务平台向社会公开。企业应当按照标准组织生产经营活动，其生产的产品、提供的服务应当符合企业公开标准的技术要求。

GB 10648—2013《饲料标签》5.5 规定：饲料和饲料添加剂产品应标明产品所执行的产品标准编号。《企业标准化管理办法》（国家技术监督局令第 13 号）第十二条规定了企业产品标准的代号、编号方法。

31 〉 饲料产品的保质期有无相关法律规定？

答：《饲料和饲料添加剂管理条例》第十七条规定：饲料、饲料添加剂生产企业应当如实记录采购的饲料原料、单一饲料、饲料添加剂、药物饲料添加剂、添加剂预混合饲料和用于饲料添加剂生产的原料的名称、产地、数量、保质期、许可证明文件编号、质量检验信息、生产企业名称或者供货者名称及其联系方式、进货日期等（注：目前已经没有"药物饲料添加剂"的概念，《饲料和饲料添加剂管理条例》正在修订中）。记录保存期限不得少于 2 年。

《饲料和饲料添加剂管理条例》第二十一条规定：饲料、饲料添加剂的包装上应当附具标签。标签应当以中文或者适用符号标明产品名称、原料组成、产品成分分析保证值、净重或者净含量、贮存条件、使用说明、注意事项、生产日期、保质期、生产企业名称以及地址、许可证明文件编号和产品质量标准等。加入药物饲料添加剂的，还应当标明"加入药物饲料添加剂"字样，并标明其通用名称、含量和休药期（注：目前已经没有"药物饲料添加剂"的概念，《饲料和饲料添加剂管理条例》正在修订中）。乳和乳制品以外的动物源性饲料，还应当标明"本产品不得饲喂反刍动物"字样。

GB/T 10648—2013《饲料标签》5.9 规定：用"保质期为＿＿天（日）或＿＿月或＿＿年"或"保质期至：＿＿年＿＿月＿＿日"表示。进口产品中文标签标明的保质期应与原产地标签上标明的保质期一致。

《饲料质量安全管理规范》第八条规定：企业应当填写并保存原料进货台账，进货台账应当包括原料通用名称及商品名称、生产企业或者供货者名称、联系方式、产地、数量、生产日期、保质期、查验或者检验信息、进货日期、经办人等信息。

《饲料质量安全管理规范》第十三条规定：企业应当根据原料种类、库存时间、保质期、气候变化等因素建立长期库存原料质量监控制度，填写并保存监控记录。

32 > 饲料产品的保质期如何确定？

答：除新饲料添加剂外，没有明确的规定。

《新饲料添加剂申报材料要求》（农业部公告第 2109 号）规定：包装要求、贮存条件、保质期的确定应以稳定性试验的数据为依据。饲料生产企业对于自己生产的饲料产品也应以稳定性试验的数据为依据。也可以利用留样观察记录的数据，对自己的饲料产品的保质期进行评估。中国食品工业协会团体标准 T/CNFIA 001—2017《食品保质期通用指南》也值得借鉴。

33 > 我们的肉禽饲料中添加有抗球虫药，现在不打算继续添加了，我们的企业标准已经修改，企业标准上注的是 2020 年 8 月 21 日修订，9 月 21 日实施。在这个过渡期想把旧标签用完，旧标签可以在这个新标准下使用吗？如果没到 9 月 21 日旧标签就用完了，可以用新标签吗？

答：关键看你们企业是按哪个标准生产的。标签一定要跟产品执行的企业标准对应。

《中华人民共和国产品质量法》第二十六条规定：生产者应当对其生产的产品质量负责。产品质量应当符合下列要求：

（一）不存在危及人身、财产安全的不合理的危险，有保障人体健康和人身、财产安全的国家标准、行业标准的，应当符合该标准。

（二）具备产品应当具备的使用性能，但是，对产品存在使用性能的瑕疵作出说明的除外。

（三）符合在产品或者其包装上注明采用的产品标准，符合以产品说明、实物样品等方式表明的质量状况。

《企业标准化管理办法》（国家技术监督局令第 13 号）规定：

第十七条　国家标准、行业标准和地方标准中的强制性标准，企业必须严格执行；不符合强制性标准的产品，禁止出厂和销售。

第十八条 企业生产的产品，必须按标准组织生产，按标准进行检验。经检验符合标准的产品，由企业质量检验部门签发合格证书。

企业生产执行国家标准、行业标准、地方标准或企业产品标准，应当在产品或其说明书、包装物上标注所执行标准的代号、编号、名称。

34 > 在饲料标签上标明"本产品含有允许添加的抗球虫类药"字样后，是否还需要在饲料标签上标注具体抗球虫药物的名称及药物含量？

答：根据 GB 10548—2013《饲料标签》第 1 号修改单（2021 年 1 月 1 日实施）：①删除前言中"修改了药物饲料添加剂的定义（条款 3.18）"、第 1 章范围中"药物饲料添加剂"字样及条款 3.18。②将条款 5.13.2.1 修改为"加入允许添加的抗球虫类药物的，应在产品名称下方以醒目字体标明'本产品含有允许添加的抗球虫类药物'字样；加入允许添加的中药类药物的，应在产品名称下方以醒目字体标明'本产品含有允许添加的中药类药物'字样；同时加入允许添加的抗球虫和中药类药物的，应在产品名称下方以醒目字体标明'本产品含有允许添加的抗球虫和中药类药物'字样"。③将条款 4.4、5.13.2、5.13.2.2、5.13.2.3 及附录 A 的 A.1.3 中"药物饲料添加剂"修改为"抗球虫和 / 或中药类药物"。

需要标注的，重点去看上面第③条。

根据 GB 10548—2013《饲料标签》第 1 号修改单，GB 10548—2013《饲料标签》修改后的内容具体如下：

4.4 不得标示具有预防或者治疗动物疫病作用的内容。但饲料中添加抗球虫和 / 或中药类药物的，可以对所添加的抗球虫和 / 或中药类药物的作用加以说明。

5.13.2　加入抗球虫和 / 或中药类药物的饲料产品。

5.13.2.2　应标明所添加抗球虫和 / 或中药类药物的通用名称。

5.13.2.3　应标明本产品中抗球虫和 / 或中药类药物的有效成分含量、休药期及注意事项。

A.1.3　抗球虫和 / 或中药类药物和维生素含量，以每千克（升）饲料中含药物或维生素的质量，或以表示生物效价的国际单位（IU）表示，比如：g/kg、mg/kg、μg/kg、IU/kg，或 g/L、mg/L、μg/L、IU/L。

需要注意的是，即使是"通用名称"一样的抗球虫类药物，要注意其"用法与用量"可能不同，特别是有些进口抗球虫类药物与国产药物的用量不同。

第六章
CHAPTER 6
检测方法选择与优化

35 ▷ 如何理解标准方法的验证与非标准方法的确认？

答： GB/T 20000.1—2014《标准化工作指南　第1部分：标准化和相关活动的通用术语》5.2 标准：通过标准化活动，按照规定的程序经协商一致制定，为各种活动或其结果提供规则、指南或特性，供共同使用和重复使用的文件。

引伸到标准方法，则是指得到国际、区域（如亚太地区）、国家或行业认可的，由相应标准化组织批准发布的国际标准、区域标准（如欧洲标准化委员会标准）、国家标准、行业标准等文件中规定的技术操作方法、计量检定规程和计量校准规范也属标准方法。与此相对应，非标准方法是指未经相应标准化组织批准的检测/校准方法。

科学技术书刊中提供的，说明了具体要求和操作的方法目前还得不到公认，尚需适当确认，也属非标准方法。尽管权威技术刊物经过本行业专家审稿，在业内具可信度，除了声明"本栏目文章不代表编辑部观点"外，可以认为编委会对文章观点是持基本认同态度的，但由于刊物大多刊载最新研究成果，有的还不十分成熟，有待于时间验证。当实验室制定检测/校准方法时，刊物中刊载的检测/校准方法可以提供很好的参考，必要时可以通过技术手段来确认这些方法。

但即使是标准方法，在引入检测方法之前，实验室应对其能否正确运用这些标准方法的能力进行验证，验证不仅需要识别相应的人员、设施和环境、设备等，还应通过试验证明结果的准确性和可靠性，如精密度、线性范围、检出限和定量限等方法特性指标，必要时可以参考 CNAS-CL01-G001《CNAS-CL01〈检测和校准实验室能力认可准则〉应用要求》进行实验室间比对。

根据 GB/T 27025—2019/ISO/IEC 17025：2017《检测和校准实验室能力的通用要求》7.2.2 方法进行确认。

实验室应对非标准方法进行确认。确认应尽可能全面，以满足预期用途或应用领域的需要。

可用以下一种或多种技术进行方法确认。

（1）使用参考标准或标准物质进行校准或评估偏倚和精密度。

（2）对影响结果的因素做系统性评审。

（3）通过改变控制参数（如培养箱温度、加样体积等）来检验方法的稳健度。

（4）与其他已确认的方法进行结果比对。

（5）实验室间比对。

（6）根据对方法原理的理解以及抽样或检测方法的实践经验，评定结果的测量不确定度。

当前，饲料行业非标准方法较多。

36 > 测定玉米容重有哪些方法标准？

答：玉米籽粒在单位容积内的质量，以克/升（g/L）表示。如果是饲料用玉米，可以依据 GB/T 17890—2008《饲料用玉米》，该标准引用 GB 1353—2018《玉米》来检测玉米容重。而 GB 1353—2018《玉米》引用了 GB/T 5498《粮油检验 容重测定》和 LS/T 6117—2016《粮油检验 容重测定 水浸悬浮法》。也就是玉米水分含量≤18% 时，容重检验按 GB/T 5498 执行。水分含量高于 18% 时可按 LS/T 6117—2016 执行。

可以看出，玉米容重测定的方法有点绕。玉米水分检验也比较复杂。要同时把水分和容重测定准确不容易。

37 > 玉米中水分检测方法有哪些？目前各化验室检测方法不统一，该如何选择？

答： 下表是对玉米中水分检测方法的汇总。

玉米中水分检测方法

序号	检测标准	所需设备	主要技术指标			适用范围
			称样量（g）	温度（℃）	恒重时间（h）	
1	GB/T 10362—2008 粮油检验 玉米水分测定	恒温烘箱	8	130～133	4	本标准适用于粉碎玉米，整粒玉米水分含量的测定
2	GB 5009.3—2016 食品安全国家标准 食品中水分的测定	电热恒温干燥箱	2～10	101～105	2～4	适用于粮食（水分含量低于18%）的水分的测定
3	GB/T 6435—2014 饲料中水分的测定	电热干燥箱	5	103±2	4	饲料、饲料原料和饲料添加剂中水分的测定，不适用于玉米
4	GB/T 18868—2002 饲料中水分、粗蛋白质、粗纤维、粗脂肪、赖氨酸、蛋氨酸快速测定 近红外光谱法	近红外光谱仪	建立在有合适模型的基础上，进行光谱扫描			各种饲料原料和配合饲料中水分

（续）

序号	检测标准	所需设备	主要技术指标			适用范围
			称样量（g）	温度（℃）	恒重时间（h）	
5	GB/T 20264—2006 粮食、油料水分两次烘干测定法	电热恒温干燥箱	80	105	40	本标准适用于粮食水分在16.0%（含）以上，油料水分在13.0%（含）以上的商品粮食、油料水分含量的测定
			5	105（标准法）	3	
				130（常用法）	40	
6	GB/T 24900—2010 粮油检验 玉米水分含量测定 近红外法	近红外分析仪	建立在有合适模型的基础上，进行光谱扫描			本标准适用于玉米水分含量的快速测定，本标准不适用于仲裁检验
7	LS/T 3411—2017 中国好粮油 饲用玉米	电热干燥箱	同 GB/T 6435—2014			饲料、饲料原料和饲料添加剂中水分的测定，不适用于玉米
8	GB/T 17890—2008 饲料用玉米	电热干燥箱	同 GB/T 6435—2014			饲料、饲料原料和饲料添加剂中水分的测定，不适用于玉米
9	GB 1353—2018 玉米	电热恒温干燥箱	同 GB 5009.3—2016			适用于粮食（水分含量低于18%）的水分的测定
10	LS/T 6103—2010 粮油检验 粮食水分测定 水浸悬浮法	水浸悬浮法水分快速测定仪	6～10	—	—	本标准适用于粮食水分的快速测定，特别适用于高水分及冰冻状态粮食水分的测定

从上表可以看出，目前玉米中水分的检测方法标准有很多。130℃左右比 103℃左右检测的水分偏高。GB/T 6435—2014《饲料中水分的测定》中，注明玉米按 GB/T 10362—2008《粮油检验 玉米水分测定》执行。从标准与合规的层面看，用 GB/T 10362—2008 检测玉米的水分更合适。玉米的水分关系到买卖双方的切身利益。只考虑标准或只考虑市场，都不能得到很好的执行。现实中，能够平衡供需双方的利益，协商形成统一的执行标准才是有效可行的办法。除此之外，广泛征求意见，制定更加合理符合市场需求的检测方法标准才是根本出路。

38 > 饲料中水分含量检测按照 GB/T 6435—2014《饲料中水分的测定》的直接干燥法进行，那青贮、牧草等多汁新鲜饲料样品如何检测？

答：对于新鲜的牧草、青贮饲料、水生饲料等多水分饲料，含有大量的游离水，无法直接粉碎，需要按照 GB/T 20195—2006《动物饲料 试样的制备》制备半干样品（失去游离水），最后对结果进行校正。即先称取一定量的实验室样品，60～70 ℃的恒温干燥箱里烘 8～12 h，取出在空气中冷却到室温（环境平衡）状态下，称重计算失重率（以此作为校正因子）。然后把此半干样品按照 GB/T 6435—2014《饲料中水分的测定》测定水分含量，经过校正后得到最终结果。

需要注意，GB/T 6435—2014 不适用于：

（1）奶制品。

（2）矿物质。

（3）含有相当数量的奶制品和矿物质的混合物，如代乳品。

（4）含有保湿剂（如丙二醇）的饲料。

（5）下列饲料原料。

（a）动植物油脂（按 GB/T 9696 标准的方法 A 测定）。

（b）油料（按 GB/T 14489.1 的方法测定）。

（c）油料饼粕（按 GB/T 10358 的方法测定）。

（d）谷物（不包括玉米）及谷物产品（按 GB/T 21305 的方法测定）。

（e）玉米（按 GB/T 10362 的方法测定）。

39 ＞ GB/T 6435—2014《饲料中水分的测定》中对于半固体、液体或含脂肪高的样品测量水分的时候加海砂的目的是什么？

答：对上述样品，在测定前加实验用海砂的作用是增大受热和蒸发面积，防止样品结块，加速水分蒸发，缩短分析时间。加入海砂的量大体可按照样品的浓稠度，达到分散和铺满面的效果即可，做平行样控制。现实中，半固体、液体或含脂肪高的饲料产品越来越多，比如发酵类饲料原料、发酵类配合饲料、宠物饲料（食品）。

40 ＞ 哪些饲料样品中粗脂肪测定需要酸水解？哪些饲料样品需要预先抽提？

答：按照 GB/T 6433—2006《饲料中粗脂肪的测定》，分成了 A 类样品和 B 类样品，虽然 GB/T 6433—2006《饲料中粗脂肪的测定》等采用国际标准 ISO 6492：1999，但部分内容翻译不够准确。ISO 6492：1999 分类规定的原文如下：

For the purpose of this method, the following two categories of animal feeding stuffs are distinguished. Samples of products in category B need a hydrolysis step prior to extraction.

Category B：

—straight feeds of animal origin including milk products；

—straight feeds of vegetable origin from which fats cannot be extracted without prior hydrolysis; in particular: gluten, yeast, soya and potato proteins, and heat-treated feeds;

—compound feeds containing the preceding products in such quantities that at least 20% of the fat content stems from these products.

Category A:

—Animal feeding stuffs not mentioned under category B.

正确的译文如下：

为保证本方法的测定效果，将饲料分成以下两类，B 类产品试样提取前需要水解。

B 类：

——单一动物源性饲料原料，包括乳制品；

——脂肪不经预先水解不能提取的单一植物性饲料原料，如谷蛋白、酵母、大豆和马铃薯蛋白，以及经加热处理的饲料原料；

——脂肪含量中至少有 20% 来自单一动物源性饲料原料和 / 或脂肪不经预先水解不能提取的单一植物源性饲料原料的配合饲料、浓缩饲料和精料补充料。

A 类：B 类以外的配合饲料、浓缩饲料、精料补充料和饲料原料。

脂肪含量超过 200 g/kg 的试样预先用石油醚提取。A 类试样用石油醚提取，蒸馏、干燥除去溶剂，残渣称量。B 类试样用盐酸加热水解，水解溶液冷却、过滤残渣并干燥后用石油醚提取，蒸馏、干燥除去溶剂，残渣称量。

另外，也要注意油脂含量较高的膨化饲料，比如水产饲料、宠物饲料（食品）的粗脂肪检测问题。

41 > 脂肪与脂肪酸的区别与联系是什么?

答:脂肪是由甘油和三分子脂肪酸组成。通常检测的脂肪,其实是指粗脂肪,即所有溶于石油醚/乙醚的脂溶物,包括中性脂肪、脂溶性色素、脂溶性维生素、固醇、磷脂等。脂肪酸是中性脂肪水解后的产物。按碳链长短可分为短链、中链、长链脂肪酸。按饱和程度可分为饱和脂肪酸、单不饱和脂肪酸和多不饱和脂肪酸。总脂肪酸是所有脂肪酸的加和。因缺少甘油的重量,也不存在其他脂溶性物质。因此,脂肪酸含量比粗脂肪含量低。但最能反映样品真实脂肪含量。

依据《饲料原料目录》,动植物油脂类产品,如油和油渣(饼)检测,粗脂肪为强制性标识要求,就好比食品营养成分表中"脂肪"作为强制性标识,是必检项目。脂肪酸检测的意义是为反映出被检样品品质。富含人体必需的多不饱和脂肪酸的产品,营养价值更高,对代谢有着积极的作用;相反,比例(SFA/USFA)不合理,摄入过多,则对机体无益甚至有害。脂肪酸定量检测需在加入内标条件下(参考 GB/T 21514—2008 饲料中脂肪酸含量的测定),借助气相色谱或气相色谱质谱联用仪检测,检测成本较高。在需要对样品功能进行评价时,会关注脂肪酸组成及含量。脂肪与脂肪酸的关系类似蛋白质与氨基酸的关系。

42 > 如何通过脂肪酸含量来判断油脂是否掺假?

答:油脂一般分为植物油脂和动物油脂。油脂品质无法通过一项检测指标判定,需要借助多种仪器和方法综合判定。参考食用油脂标准,市面上常见的食用油脂都有 1～2 种特征脂肪酸,根据脂肪酸组成和不饱和脂肪酸(U)与饱和脂肪酸(S)比值(U/S),即可判定是单一来源油脂还是混合油脂。常见植物油脂的脂肪酸相对含量如下表所示。

常见植物油脂的脂肪酸组成　　　　　　单位：%

项目	豆油	米糠油	玉米油	棕榈油	亚麻籽油	椰子油
C8：0						4.1～9.22
C10：0						4.23～9.14
C12：0						43.09～55.18
C14：0	0.00～0.08	0.00～0.29	0	0.31～1.07		11.07～21.05
C16：0	10.19～10.48	13.47～18.75	11.94～12.24	33.56～50.24	8.22～15.62	8.11～9.97
C16：1	0.09～0.11	0.00～0.23	0.10～0.11	0.21～1.08		
C18：0	3.67～4.02	1.31～3.05	1.46～1.61	2.13～6.09	1.31～5.67	0.77～3.25
C18：1	20.07～23.03	24.61～38.59	23.72～25.28	33.87～47.15	15.44～18.35	4.67～9.11
C18：2	54.36～55.38	37.43～58.22	59.41～61.08	8.54～11.63	13.15～18.21	0～1.99
C18：3	6.34～8.48	0.96～2.83	1.00～1.08	0.14～0.40	51.02～62.18	

常见动物油脂的脂肪酸组成　　　　　　单位：%

项目	猪油	牛油	鸡油	鸭油
C14：0	1.01～1.31	0.21～0.40	0.46～1.02	0.63～1.01
C16：0	18.99～24.91	3.08～5.79	20.55～32.01	21.52～24.85
C16：1	1.39～3.13	27.96～30.53	1.31～5.26	2.33～5.76
C18：0	10.28～13.75	1.42～2.00	4.91～8.96	6.12～10.74
C18：1	31.67～38.57	20.14～26.69	34.06～40.60	37.06～39.25
C18：2	15.54～20.69	19.52～24.16	20.15～28.29	18.50～26.84
C18：3	0.71～1.25	2.01～3.11	1.15～1.86	0.83～1.45

油脂掺杂（假）有一定规律。按照油脂价格高低和油脂性状归类，一般常见的掺杂（假）组合：猪油/牛油+棕榈油；鸡油/鸭油+豆油；鱼油+豆油/菜籽油；椰子油粉+棕榈油粉；玉米油/米糠油+豆油。脂肪酸相对含量检测可以作为油脂掺假的排查手段，但油脂掺假是劣质油脂评判标准的其中一项，酸价、过氧化值、皂化物、烟点、凝固点等指标也需要综合考虑，判定最终结果。

43 > 饲料中淀粉含量测定时的注意事项是什么？

答：GB/T 20194—2018《动物饲料中淀粉含量的测定　旋光法》适用于饲料原料、配合饲料、精料补充料、浓缩饲料和添加剂预混合饲料中淀粉含量的测定。该方法需要旋光仪。但一般饲料生产企业没有配备旋光仪，旋光法不适用于有光学活性且不溶于40%乙醇的淀粉以外的其他物质的产品，也不适用直链淀粉超过40%的淀粉。

对于饲料生产企业，可以参考 GB 5009.9—2016《食品安全国家标准　食品中淀粉的测定》中酸水解法，酸水解法适用于除肉制品以外的淀粉的测定。用酸水解法测定饲料中淀粉应注意以下几点：

（1）严格控制样品的称样量，使每次滴定消耗试样溶液的体积控制在与标定碱性酒石酸铜溶液时所消耗的葡萄糖标准溶液的体积相近。

（2）当样液中葡萄糖浓度过高时，应适当稀释后再进行正式测定，使每次滴定消耗试样溶液的体积控制在与标定碱性酒石酸铜溶液时所消耗的葡萄糖标准溶液的体积相近，约 10 mL。

（3）样品的称样量超过 5 g 时，用体积分数85%乙醇多洗涤几次残渣，以保证干扰检测的可溶性糖类物质洗涤完全。

（4）因淀粉用酸水解成具有还原性的单糖，滴定时应按还原糖的滴定要求，即预滴定 5 mL 碱性酒石酸铜甲液、5 mL 碱性酒石酸铜乙液控制在 2 min 内沸腾，并保持沸腾以先快后慢的速度，从滴定管中滴加试样溶液，并保持沸腾状态，待溶液颜色变浅时，以 2 s 1 滴的速度滴定至溶液蓝色刚好褪去为终点。精滴定时，从滴定管中放出比预滴定体积少 1 mL，使在 2 min 内沸腾，并保持沸腾状态以 2 s 1 滴的速度滴定至溶液蓝色刚好褪去为终点。

（5）测定中的滴定速度、加热时间及热源稳定程度，锥形瓶壁厚度对测定精密度影响很大，在预滴定及精滴定过程中试样条件力求一致，平行测定的样品溶液所消耗体积相差不超过 0.1 mL，平行测定 3 次，得出平均消耗体积进行计算。

44 > 饲料中哪些真菌毒素需要检测？真菌毒素有哪些潜在危害？试验方法有哪些？

答：真菌毒素（mycotoxins）是一些真菌在生长或生殖过程中产生的有毒次级代谢产物，广泛污染玉米、小麦、高粱等谷物及其加工产品，而加工产品的毒素较相应谷物严重。真菌毒素化学性质稳定，调质、制粒、膨化、膨胀等热加工工序不能破坏真菌毒素的结构。目前已经确认化学结构的真菌毒素达 400 多种，而且在不断增加中。依据《饲料卫生标准》和《宠物饲料卫生规定》，饲料中主要检测黄曲霉毒素 B_1、玉米赤霉烯酮、脱氧雪腐镰刀菌烯醇（呕吐毒素）、赭曲霉毒素 A、T-2 毒素、HT-2 毒素、伏马毒素（B_1+B_2）等 7 种真菌毒素。常见真菌毒素的潜在危害如下表所示。

常见真菌毒素的潜在危害

中文名称	来源菌属	潜在危害	主要污染对象
黄曲霉毒素	曲霉菌属	对人及动物肝脏组织有破坏作用，严重时可导致肝癌甚至死亡，引起胚胎死亡，先天性免疫缺陷，免疫力下降	花生、玉米、大米、小麦、豆类、坚果类、肉类、水产品

（续）

中文名称	来源菌属	潜在危害	主要污染对象
玉米赤霉烯酮	镰刀菌属	雌激素亢进症，可引起流产、死胎、畸胎、引起中枢神经系统的中毒症状	玉米、小麦、大米、大麦、小米、燕麦
呕吐毒素	镰刀菌属	可导致厌食、呕吐、腹泻、发烧、站立不稳、反应迟钝等急性中毒症状，严重时损害造血系统造成死亡，对免疫系统有影响。有明显胚胎毒性和致畸作用	小麦、大麦、玉米
赭曲霉毒素	曲霉属、青霉菌属	引起肾营养不良及肾小管炎症，导致产奶量下降和肝坏死	小麦、玉米、大麦、燕麦、黑麦、大米和黍类，大豆、咖啡豆、葡萄
T-2毒素	镰刀菌属	降低生产力和生育率，造成血粪、肠炎以及皱胃、瘤胃溃疡，免疫力下降	小麦、玉米、大麦、燕麦、黑麦、大米和黍类
伏马毒素	镰刀菌属	损伤免疫系统、肾脏、肝脏，降低动物生产能力，甚至引起动物死亡，致癌	玉米及其加工产品

　　要注意不同饲料原料或饲料产品中受污染的真菌毒素种类有所不同。一些没有规定限量的毒素，比如交链孢毒素，它对小麦及其加工产品的污染及其危害也不容忽视。另外，研究者开始关注隐蔽性真菌毒素，它是常规真菌毒素（或称母体毒素）在动植物体内产生的代谢产物，且常规的毒素检测方法不易检测到。由于不同真菌毒素之间广泛存在"协同增效"作用，饲料生产企业或养殖场户不能仅满足标准中规定的限量，应该根据实际情况制定更严格的企业标准或内控指标。

　　具体试验方法见下表。

7 种霉菌毒素的试验方法

霉菌毒素	产品名称（GB 13078）	试验方法（GB 13078）	产品名称（农业农村部公告第 20 号）	试验方法（农业农村部公告第 20 号）
黄曲霉毒素 B_1	饲料原料饲料产品	NY/T 2071	宠物饲料产品（水分含量＜60%）	NY/T 2071
			宠物饲料产品（水分含量≥60%）	GB/T 30955
赭曲霉毒素 A	饲料原料饲料产品	GB/T 30957	宠物饲料产品	GB/T 30957
玉米赤霉烯酮	饲料原料饲料产品	NY/T 2071	宠物饲料产品	NY/T 2071
呕吐毒素	饲料原料饲料产品	GB/T 30956	宠物饲料产品	GB/T 30956
T-2 毒素	饲料原料饲料产品	NY/T 2071	宠物饲料产品（猫用）	SN/T 3136
HT-2 毒素	—	—	宠物饲料产品（猫用）	SN/T 3136
伏马毒素（B_1+B_2）	饲料原料饲料产品	NY/T 1970	宠物饲料产品	NY/T 1970

45 ＞ 饲料中真菌毒素试验方法的前处理技术有哪些？

答：检测饲料样品中真菌毒素的前处理，通常采用甲醇或乙腈水溶液提取，然后利用固相萃取小柱、多功能净化柱或免疫亲和柱等进行净化。具体前处理技术见下表。

不同真菌毒素试验方法的前处理技术

试验方法	真菌毒素	前处理技术
NY/T 2071	黄曲霉毒素 B_1、玉米赤霉烯酮、T-2 毒素	乙腈水溶液提取，正己烷脱脂多功能净化柱净化

（续）

试验方法	真菌毒素	前处理技术
GB/T 30955	黄曲霉毒素 B_1	甲醇水溶液提取 免疫亲和柱净化
GB/T 30956	呕吐毒素	水提取，免疫亲和柱净化
GB/T 30957	赭曲霉毒素 A	甲醇水溶液提取 免疫亲和柱净化
SN/T 3136	T-2 毒素、HT-2 毒素	甲醇水溶液提取 免疫亲和柱净化
NY/T 1970	伏马毒素（B_1+B_2）	甲醇水溶液提取 强阴离子固相萃取柱净化

46 > 对于需要检测真菌毒素的样品，制样时需要注意什么?

答：现场采样或抽样完成后，样品被送到实验室。在实验室制备样品时同样可能存在误差。有研究表明现场采样或抽样可能带来的真菌毒素误判的风险占 88%，实验室制样、分样的风险占 10%。GB/T 14699.1—2005《饲料　采样》针对不同物理性状的饲料样品，规定了相应的制样方式及要求（下表）。

不同样品类型的制样方式及要求

序号	样品类型	实验室样品制备
1	粉状饲料	在采样完成后应尽快处理，以避免样品质量发生变化或被污染，将所得到的每个份样进行充分混合后得到总份样，其重量不应小于 2 kg。充分将缩分样混合后分成 3 个或 4 个实验室样品放入适当的容器中，供实验室分析用，每个实验室样品重量最好相近，但不能小于 0.5 kg

（续）

序号	样品类型	实验室样品制备
2	粗饲料	在采样完成后应尽快处理，以避免样品质量发生变化或被污染。在混合总份样时应注重其可操作性，通常应将样品切成小块。总份样经过逐步分取获得重量不小于 4 kg 的缩分样。对于大块块状产品，将总份样的块数减半，随机选择其中的块构建成缩分样。除非必须，不要再缩分阶段将总份样切短。"充分……"同上
3	块状、砖状饲料	如果用整个或大部分舔砖（块）作为份样，则需打碎。将所得到的每个份样进行充分混合后得到总份样，将总份样重复缩分获得适当的缩分样，其重量不应小于 2 kg。"充分……"同上
4	液体饲料	将所有份样放入适当的容器内即获得总份样，充分混合会后取其中部分形成缩分样，每个缩分样不应小于 2 kg 或 2 L。 对于不容易混合的产品，使用下列的缩分样程序：将总份样分成 2 部分，分别为 A 和 B；再将 A 分成 2 部分，分别为 C 和 D；对 B 重复上述过程，形成 E 和 F；随机选择 C 和 D、E 和 F 中的之一；将两者放在一起，充分混合，重复该过程，直至获得 2～4 kg（L）的缩分样；尽可能充分地混合缩分样，将其分成 3～4 个部分（即为实验室样品）每个实验室样品不应小于 0.5 kg 或 0.5 L
5	半液体（半固体）饲料	将获得的总份样充分混合，将总份样放入可加热的容器中，采用加热或其他方法使其融化，如果加热对样品有不良影响，则使用其他方法。缩分样和实验室样品的制备同液体饲料

GB/T 14699.1—2005《饲料 采样》正在修订中。

47 > 饲料生产企业和养殖场户检测饲料中真菌毒素时如何选择检测方法？

答：一般真菌毒素检测方法简单分为快速检测法和仪器检测法。

快速检测法又分为定性法、半定量或定量法。检测真菌毒素的主要方法：胶体金免疫层析法、酶联免疫法、高效液相色谱法（配荧光检测器）、高效液相—串联质谱法、气相色谱—质谱法、薄层色谱法、时间分辨荧光检测法、上转发光免疫分析法。饲料生产企业和养殖场户一般用快速检测法初筛，用酶联免疫法进行初步定量，必要时用仪器检测法进行准确定量。每种快检产品各有特色，客观科学地评价快检产品也是一个技术活儿。有数据表明，一个品牌想在多种毒素快检上都表现很优秀是很不容易的。有的企业甚至用两个品牌的快检产品同时测一个样品的一种毒素。

尽管粮油、饲料中常见真菌毒素的检测方法标准有很多，但是作为各级管理部门用于饲料监督抽查的检测方法只能依据 GB 13078—2017《饲料卫生标准》中规定的"试验方法"。

另外，饲料生产企业和养殖场户可以根据自身的实际情况，参考 GB/T 14699.1—2005《饲料 采样》附录 A 制定饲料原料或饲料产品的霉菌毒素的采样或抽样的企业标准，标准中应该规定合理的采样点及份数。份数太少，会增加"漏检"的风险。太多，增加了采样的工作量。现实中，多数企业是将同批次的不同采样点的份样样品混在一起形成总份样后检测。少数企业为了更严格地降低霉菌毒素带来的风险，会对不同采样点的份样样品分别检测，比如针对高端仔猪饲料所用的玉米的检测。

由于饲料原料、饲料产品的交易量较大，建议饲料生产企业和养殖场户在买卖合同中明确涉及霉菌毒素的采样、检测方法（包括快速检测方法和仪器确证方法）、是否引用 GB/T 18823《饲料检测结果判定的允许误差》等要求，避免后期的纠纷。对于管理部门组织的监督抽查，采样或抽样的要求会在工作方案中进行规定，同时要关注工作方案相关规定的细微变化。

48、GB 13078—2017《饲料卫生标准》中黄曲霉毒素 B$_1$ 对应的检验方法是 NY/T 2071，意思是必须用这个方法去做检测并作判定吗？如果是用 GB/T 17480《饲料中黄曲霉毒素 B$_1$ 的测定　酶联免疫吸附法》或 GB/T 30955《饲料中黄曲霉毒素 B$_1$、B$_2$、G$_1$、G$_2$ 的测定　免疫亲和柱净化—高效液相色谱法》去做检测，能按 GB 13078—2017《饲料卫生标准》作判定吗？

答：对于官方监督抽查，必须用 NY/T 2071 进行检测，不能用其他方法。也不能先用筛查方法，再对疑似阳性样品使用 NY/T 2071 检验并判定。

《强制性国家标准管理办法》第十九条规定：强制性国家标准的技术要求应当全部强制，并且可验证、可操作。

49、饲料添加剂磷酸氢钙的氟应该使用 GB/T 13083 还是应该使用 GB 22549 的方法检测呢？

答：GB 13078—2017《饲料卫生标准》不适用于饲料添加剂产品，尽管 GB 13078—2017《饲料卫生标准》中饲料原料和饲料产品中氟的试验方法规定的是使用 GB/T 13083 规定的方法。饲料添加剂的相关限量及试验方法依据相应的饲料添加剂产品标准，该类标准一般为强制标准。根据 GB 22549—2017《饲料添加剂　磷酸氢钙》，氟的试验方法又引用了 GB/T 13083—2002《饲料中氟的测定　离子选择性电极法》。

虽然 GB/T 13083—2002 这个标准已经被 GB/T 13083—2018《饲料中氟的测定　离子选择性电极法》所代替取代，但 GB/T 13083—2002 被 GB 22549—2017《饲料添加剂　磷酸氢钙》引用。如果检测磷酸氢钙产品中氟，并且要对检测结果进行判定，应按照 GB 22549—2017 磷酸氢钙产品标准规定的方法进行检测。如果不要求对检测结果进行判定，除了使用 GB/T 13083—2002，也可使用 GB/T 13083—

2018 进行检测，因为 GB/T 13083—2018 的适用范围包括饲料、饲料原料、磷酸盐及以硅铝酸盐为载体的混合型饲料添加剂。

50 > 如果饲料企业生产仔猪断奶后前两周特定阶段配合饲料产品时，在含锌 110 mg/kg 基础上使用硫酸锌，是否可以检测出是硫酸锌？

答： 目前的检测方法标准或技术手段还没有能力区分是添加了硫酸锌还是氧化锌。但从动物的实际生产性能看，企业更愿意添加氧化锌。检测饲料中锌，一般采用 GB/T 13885—2017《饲料中钙、铜、铁、镁、锰、钾、钠和锌含量的测定 原子吸收光谱法》。

51 > 检测饲料中维生素 A 时有哪些注意事项？

答： 饲料中维生素 A 一般采用 GB/T 17817—2010《饲料中维生素 A 的测定 高效液相色谱法》进行检测，其中，又分皂化提取法和直接提取法两种方法。

维生素 A 皂化提取法：

（1）试样一定要混合均匀，称样时动作尽量要快。

（2）乙醚与水混合后，在分液漏斗中要及时进行排气。

（3）加水后应迅速振荡防止乳化。

（4）乙醚与水层要分离好，分离好后需静置一段时间。

（5）用水洗涤至中性时，不要剧烈振荡，否则可能会出现乳化现象。

（6）测定过程中选用长色谱柱（250 mm × 4.6 mm，5 μm），流动相比例为甲醇：水 =95 : 5（V/V），使维生素 A 出峰时间在 4～7 min。

维生素 A 直接提取法：

（1）试样一定要混合均匀，称样时动作尽量要快。

（2）可以适当延长提取时间至 45 min。

（3）测定过程中选用长色谱柱（250 mm×4.6 mm，5 μm），流动相比例为甲醇：水 =98：2，或短色谱柱（150 mm×4.6 mm，5μm）流动相比例为甲醇：水 =95：5（V/V），使维生素 A 出峰时间在 6～8 min。

（4）维生素 A 有多种存在形式，直接提取法仅测定维生素 A 乙酸酯的含量，若样品中存在维生素 A（视黄醇）或维生素 A 棕榈酸酯，则应采取其他检测方法；若维生素 A 为包衣形式，直提法可能会存在提取不完全的问题。

（5）维生素 A 易降解，应避光操作、快速测定，控制室内温度。需要长时间进样时，应在样品中间插入标准针进行校准。

52、 GB/T 23880—2009《饲料添加剂 氯化钠》中规定的重金属氟限量值小于所执行检测方法的检测限怎么办？

答：GB/T 23880—2009《饲料添加剂 氯化钠》规定氟的限量指标为≤2.5 mg/kg，该标准是 2009 年实施的标准当时氟的检测依据为 GB/T 13083—2002《饲料中氟的测定 离子选择电极法》，2002 年版的最低检测限为 0.8 μg，而现在执行的是 GB/T 13083—2018，该标准氟的检测限为 3 mg/kg（取试样 1 g 定容至 50 mL）。

为了满足产品标准要求，该类产品在检测氟时需要增大称样量，进行检测方法验证试验，减小方法检测限，满足产品标准的需要，同时留下相应检测方法验证证明材料。

53、 GB 34466—2017《饲料添加剂 L- 赖氨酸盐酸盐》中铵盐的检测中铵盐指标是否有误？

答：GB 34466—2017《饲料添加剂 L- 赖氨酸盐酸盐》中铵盐（以 NH_4^+）指标要求是≤0.04%。检测方法如下。

4.7.1.8 中描述的铵标准溶液使用时再稀释 10 倍，即为 0.001 mg/mL，按检测方法进行检测，标准管颜色比较浅，实测样品会比标准管深。按照检测方法上的标准管浓度算出实际上铵盐指标应为 <0.0032%，理论与操作不符。由于检测方法上存在有误，为此如果对铵盐验收时，各企业与检测机构应该做一个纠正的 SOP，一共修改两处，其中"4.7.1.8 中描述的铵标准溶液：1 mL 含 0.1 mg NH$_4^+$，使用时再准确稀释 10 倍"，而 4.7.2 中测定方法中应修改为"停止蒸馏，将馏出液准确用水稀释至 50 mL，移取馏出液 1 mL"，此时就与方法指标相符。

54 〉 如何对企业的混合型饲料添加剂的检测方法进行验证？

答：《混合型饲料添加剂生产企业许可条件（农业部公告第 1849 号）》第二十六条：企业应当为其生产的混合型饲料添加剂产品制定企业标准，混合型饲料添加剂产品的主成分指标检测方法应当经省级饲料管理部门指定的饲料检验机构验证。

可以让企业提供自己开发的检测方法的背景、参考文献、参考标准以及方法学的资料。在不透露企业技术秘密的前提下，提供该混合型饲料添加剂的较详细的产品成分信息。必要时需要饲料生产企业提供相关的标准品或化学对照品。

55 〉 采用 GB/T 23877—2009《饲料酸化剂中柠檬酸、富马酸和乳酸的测定　高效液相色谱法》测定混合型饲料添加剂酸化剂中乳酸时，液相色谱图的乳酸峰旁边有时候会出现不能有效分离的乙酸峰，如何优化定量方法？

答：需要优化仪器条件，主要从以下两方面入手：

（1）色谱柱很重要，不用 C18，用专门的有机酸色谱柱。

（2）可以通过变化 GB/T 23877—2009 的色谱条件，根据实际的仪器和柱子情况进行尝试，例如，流动相用 0.02% 磷酸水溶液和乙腈（$V:V=95:5$）或者纯酸，柱温 30℃，洗脱流速放慢，0.5〜

0.8 mL/min。

现实中，酸化剂产品成分比较复杂，一定要做好检测方法验证。

56 > 微生物指标不接受复检，一些微生物添加剂产品中的酵母菌数、枯草芽孢杆菌等也不复检吗？

答：是的。官方监督抽查工作文件一般都会特别注明"微生物指标不接受复检"或类似的表述。

例如，2020 年饲料兽药生鲜乳质量安全监测计划（农牧发〔2020〕8 号）中规定如下。

不合格结果通知单

（被监督抽查企业名称）：

根据农业农村部《2020 年全国饲料质量安全监督抽查计划》要求，我单位作为承检机构对（被监督抽查企业名称）标称为____的____产品进行了检验。不合格检验检测报告共____份，编号为____。如异议，可自收到报告之日起 5 日，向农业农村部畜牧兽医局书面提出复核检测申请（须详细注明联系方式），微生物指标不接受复核检测申请。

采样时，样品本身存在批次差异，微生物在样品中分布的不均匀性，加上样品的运输贮存、实验室取样、制样、前处理等过程都会影响到微生物指标的检测结果。同时，无论是病原微生物还是有益微生物的数量都是不断发生变化的。

57 > 测定某种饲料的混合均匀度，如何选择检测方法？

答：配合饲料、浓缩饲料、精料补充料一般选择 GB/T 5918—2008《饲料产品混合均匀度的测定》中"氯离子选择电极法"测定试液中氯离子的方法进行检测。由于甲基紫法操作不便，且产品带来一定的安全隐患，一般不建议采用。

含铁盐的微量元素预混合饲料一般选择 GB/T 10649—2008《微量元素预混合饲料混合均匀度的测定》。其他不含氯离子和铁盐的饲料产品测定混合均匀度时，可通过测定饲料产品中具有代表性的成分的含量来计算混合均匀度。比如，对于维生素预混合饲料产品，可以测定维生素 B_1 或维生素 B_6。

58 > 使用氯离子选择电极法测定饲料混合均匀度时的注意事项是什么？

答：氯离子选择电极法测定时，电磁搅拌过程中可能会出现结块的现象，开始搅拌时需要观察一下，有结块出现时可手动移动烧杯，使搅拌更均匀，防止混合不充分导致的结果偏差。使用分光光度计时，GB/T 5918—2008《饲料产品混合均匀度的测定》上样品称样量是一个范围，取样量不同，最终测定的吸光值会有所差异，吸光值最适宜在 0.2～0.8，因此前处理过程中定容体积可进行适当改变，当出现吸光值过小时，可加大称样量，提高试液中的铁含量，进而保证结果的准确性。

59 > 二噁英类物质的基本特性及检测方法是什么？

答：二噁英在标准状态下为白色固体，不易溶于水，易溶于有机溶剂和脂肪。二噁英类化合物的毒性非常强，比农药等强得多，具有极强的致癌、致突变、致畸形作用，是目前世界上已知的有毒化合物中致癌最强的化合物。目前中国饲料中二噁英类化合物还没有规定限量。二噁英类化合物有 200 多种单体，通常所说的二噁英检测是选取其中毒性最强的 17 种化合物。一般采用 GB 5009.205—2013《食品安全国家标准　食品中二噁英及其类似物毒性当量的测定》检测。该检测方法标准规定了食品中 17 种 2,3,7,8- 取代的多氯代二苯并二噁英（PCDDs）、多氯代二苯并呋喃（PCDFs）和 12 种二噁英样多氯联苯（DL-PCBs）含量及二噁英毒性当量（TEQ）的测定方法。最终结果为 TEQ 结果的加和。

现实中，一些国家要求输入的饲料和饲料添加剂产品附二噁英的检测报告。一般参考欧盟的二噁英限量标准，即 2013/711/EU 及其修订的 2014/663/EU。

60 饲料中"瘦肉精"检测方法有多种，到底以哪个方法为判定依据呢？

答： NY/T 3145—2017《饲料中 22 种 β-受体激动剂的测定 液相色谱-串联质谱法》，方法检出限为 5 μg/kg，定量限为 10 μg/kg；农业部 1629 号公告-1-2011《饲料中 16 种 β-受体激动剂的测定 液相色谱-串联质谱法》，方法检出限为 10 μg/kg，定量限为 50 μg/kg；农业部 1063 号公告-6-2008《饲料中 13 种 β-受体激动剂的检测 液相色谱-串联质谱法》，方法检出限为 10 μg/kg，定量限为 50 μg/kg。

上述检测方法都是现行有效的。以每种检测方法各自的定量限为依据，超过了就判定为不合格。

上述标准的年代号分别为 2017、2011、2008，检测的"瘦肉精"类违禁物质的种类分别为 22 种、16 种、13 种。可以看出随着时间的推移，检测的违禁物质的种类在增加，检出限和定量限的值在降低。主要原因是仪器的检测性能在提升，加上检测方法标准的研究水平在快速提升。

动物尿液中"瘦肉精"检测方法也有类似情况。

如果是官方监督抽查，检测机构需要依据监督抽查相关文件进行方法选择和结果判定。如果是委托检测，检测机构和委托方可以通过合同约定。

第七章

CHAPTER 7

检测结果的判定

61 > **粗蛋白质、粗脂肪等质量指标需要按干物质基础折算吗？对于 88% 干物质的折算问题，到底是依据 GB 13078《饲料卫生标准》还是《饲料添加剂安全使用规范》（农业部公告第 2625 号）?**

答： 简单地说，88% 干物质折算几乎是所有公告、标准要求的，这样检测结果才有可比性。GB 13078《饲料卫生标准》是对卫生指标的限量规定，农业部公告第 2625 公告是规范饲料添加剂的使用，特别是规定了饲料添加剂在配合饲料或全混合日粮中的最高限量。粗蛋白质、粗脂肪等质量指标以及卫生指标一般都要折算成 88% 干物质的含量后，再分别依据公告、标准判定。GB 13078《饲料卫生标准》特别说明：霉菌总数、细菌总数、沙门氏菌不用折算。

62 > **饲料中铜、锌的检测结果要换算成干物质基础吗？**

答： 依据《饲料添加剂安全使用规范》（农业部公告第 2625 号），如无特殊说明，本规范"在配合饲料或全混合日粮中的推荐添加量""在配合饲料或全混合日粮中的最高限量"均以干物质含量 88% 为基础计算，最高限量均包含饲料原料本底值。现实中，饲料生产企业在设计配方时忽略了饲料原料的铜、锌本底值。同时，一些饲料添加剂的配方设计也存在铜、锌本底问题。

63 > 如何折算成干物质含量 88% 为基础的含量?

答: 一般公式如下:

$$目标干物质样品的指标含量 = \frac{对应指标的原始含量 \times 折算的目标干物质含量}{1 - 水分含量}$$

水分等于 12%,折算成干物质含量 88%,其结果不变。

水分大于 12%,折算结果升高;反之,结果下降。

比如,饲料产品的粗蛋白质含量 20%(湿基),折算的目标干物质含量:88%。如果该饲料产品的水分含量为 14%,则粗蛋白质含量为 20.47%(88% 干基);如果水分含量为 10%,则粗蛋白质含量为 19.56%(88% 干基)。

$$20.47\% = \frac{20\% \times 80\%}{1 - 14\%}$$

上述计算公式的推导过程如下。

以样品粗蛋白质含量为例,设定如下:

原样质量是 m_1,原样的粗蛋白质含量是 $a\%$,水分含量是 $b\%$,折算的目标干物质含量是 $Y\%$,目标干物质含量的样品质量是 m_2,粗蛋白质含量是 $X\%$,则可列出以下等式:

根据干物质质量相等,$m_1 \times (1 - b\%) = m_2 \times Y\%$ ①

根据粗蛋白质质量相等,$m_1 \times a\% = m_2 \times X\%$ ②

①/②得出:$X\% = (a\% \times Y\%) / (1 - b\%)$

$$目标干物质样品的指标含量 = \frac{对应指标的原始含量 \times 折算的目标干物质含量}{1 - 水分含量}$$

64 > 饲料标签和饲料产品企业标准上都没有说明产品成分分析保证值是干基还是湿基,如何处理?

答: 一般按湿基,即按原样计。同时,要执行 GB 10648—

2013《饲料标签》中的相关要求。

65 > **一个混合型饲料添加剂样品，相应企业标准里铅的限量值是 10 mg/kg，检测值是 11.6 mg/kg，企业标准及该产品的饲料标签都没有引用 GB/T 18823—2010《饲料检测结果判定的允许误差》。是否可以按照 GB/T 18823—2010 来推算判定值？**

答：GB/T 18823—2010 适用于对"饲料"检测结果的判定。《饲料和饲料添加剂管理条例》第二条：饲料是指经工业化加工、制作的供动物食用的产品，包括单一饲料、添加剂预混合饲料、浓缩饲料、配合饲料和精料补充料。混合型饲料添加剂不属于"饲料"范畴，同时企业标准里也没有引用 GB/T 18823—2010，因此不能使用 GB/T 18823 对其进行判定。

66 > **检测中如何使用判定误差？比如某豆粕样品的粗蛋白质标签标示≥45.0%，实际检测结果为 44.6%，产品合格吗？**

答：GB/T 18823—2010《饲料检测结果判定的允许误差》中规定：饲料产品中某测定项目的保证值仅规定有下限值（最低含量）时，在产品保证值上减去相应的允许误差值后进行判定。45.0% 是处在">40～50"这一档次，对应的允许误差（此处为绝对误差）是 1.3%，判定合格下限为 45.0%-1.3%=43.7%，该产品检测结果为 44.6%，而 44.6% > 43.7%，即合格。

67 > **如果产品成分分析保证值是区间值，既规定了上限值，又规定了下限值怎么判定？**

答：如果产品同时规定有下限值和上限值时，应按照 GB/T 18823—2010《饲料检测结果判定的允许误差》对下限值和上限值分别进行允许误差计算。比如某蛋鸡配合饲料的钙标签标示为1.5%～4.5%，1.5% 处于"＞1～2"这一档次，允许误差（此处同样为绝对误差）为 0.2%，判定合格下限为 1.5%-0.2%=1.3%，4.5% 处于"＞4～5"这一档次，允许误差为 0.6%，判定合格上限为 4.5%+0.6%=5.1%，该产品的检测结果落在 1.3%～5.1% 时，为合格。

GB/T 18823—2010《饲料检测结果判定的允许误差》中允许误差分为绝对误差和相对误差，使用绝对误差计算的项目，标准规定值越大，允许误差越大；使用相对误差计算的项目，标准规定值越大，允许误差越小。

需要特别注意的是：GB/T 18823—2010《饲料检测结果判定的允许误差》是推荐性国家标准，只有被引用了，才变成"强制"：首先，要在饲料产品的企业标准和标签上同时注明引用了上述标准。否则，等于没有引用。其次，要在委托检测合同或监督抽查工作文件中注明是否引用上述标准。最后，要注意上述标准自身的适用范围及数值修约问题。

饲料检测机构在合同评审时，需要关注在合同中明确是否依据GB/T 18823 进行检测结果的判定。否则，会产生不必要的纠纷。

68 > 如果饲料的产品成分分析保证值是区间值，该区间范围远大于 GB/T 18823 中的标准规定值范围，用此范围判定相对误差是否会不准确？

答：上述两个区间范围就完全不是一回事。如果饲料的产品成分分析保证值是区间值，应按照 GB/T 18823 对下限值和上限值分别进行考虑允许误差后再判定。

69 > 一个鲄鱼专用饲料样品，饲料标签上标示粗蛋白质含量 34%，赖氨酸含量 1.8%，检测结果粗蛋白质含量 22.8%，赖氨酸含量 1.6%，在其饲料企业标准中又找不到相应产品，是合格产品吗？

答：如果在企业标准中找不到相应产品，那就只能按饲料标签来判定。如果标签上没有标明引用 GB/T 18823—2010《饲料检测结果的判定误差》，那该产品的质量肯定是不合格的。如果标签上标明了引用 GB/T 18823—2010，那么：

对于蛋白质，含量 ≥34%～1.2%，即 ≥32.8%，就可以判合格。该产品粗蛋白含量是 22.8%，肯定判不合格；对于赖氨酸，含量 ≥1.8%～0.2%，即 ≥1.6%，就可以判合格。该产品赖氨酸含量是 1.6%，判定合格。

从没有相应企业标准的情况看，该饲料生产企业的技术能力和诚信都存在问题。

70 > 对于磷酸氢钙中铬的限量，GB 13078—2017《饲料卫生标准》规定"饲料原料"不超 5 mg/kg。但 GB 22549—2017《饲料添加剂 磷酸氢钙》上规定铬不超过 30 mg/kg，饲料生产企业应该按哪个标准判定磷酸氢钙产品呢？

答：首先 GB 13078—2017《饲料卫生标准》不适用于饲料添加剂产品。不要把"磷酸氢钙"跟"石粉"等矿物质饲料原料混淆。尽管有的饲料生产企业把磷酸氢钙作为一些添加剂预混合饲料的载体使用。饲料生产企业必须等于或高于 GB 22549 的标准来判。GB 22549 属于强制性国家标准，饲料生产企业必须执行。依据《中华人民共和国标准化法》的要求，企业执行强制性国家标准可以有两种方式：一是等同采用 GB 22549；二是可以制定高于该强制性标准的企业标准。作为饲料生产企业，可以根据实际情况制定高于该强制性标准 GB 22549 的企业验收标准。当然，如果企业的要求过高，可能采购不到相应的磷酸氢钙。

71 > 农业部公告第 2625 号没有明确规定中大猪配合饲料中铜的限量，那是不是就没有限量或者只要不超过仔猪饲料中铜的限量的就可以？

答：农业部公告第 2625 号分别给出了仔猪、牛、绵羊、山羊、甲壳类动物的最高限量。那么仔猪、牛、绵羊、山羊、甲壳类动物以外的动物，就归为"其他动物"。

现实中，一般按"从严判定"原则。由于一些饲料标签的不规范，会造成判定饲料产品不合格。比如饲料标签上饲喂阶段标示："5 日龄至断奶后前两周""7 日龄至断奶后前两周""断奶至出栏"等。也有标示："断奶至断奶后前两周"等。

72 > 一个肉羊浓缩饲料样品，但饲料标签未标明该饲料是用于山羊还是绵羊，而农业部公告第 2625 号中山羊饲料和绵羊饲料的铜的限量不同，该样品用哪个限量值进行判定呢？

答：如果从饲料标签及饲料产品企业标准中无法确认是山羊或绵羊，一般按从严判定原则，即按绵羊 15 mg/kg 判定。《饲料添加剂安全使用规范》节选如下。

《饲料添加剂安全使用规范》（节选）

元素	化合物通用名称	化合物英文名称	化学式或描述	来源	含量规格（%）以化合物计	含量规格（%）以元素计	适用动物	在配合饲料或全混合日粮中的推荐添加量（以元素计，mg/kg）	在配合饲料或全混合日粮中的最高限量（以元素计，mg/kg）
铜：来自以下化合物	硫酸铜	Copper sulfate	CuSO₄·H₂O	化学制备	≥98.5	≥35.7	养殖动物	猪 3～6 家禽 0.4～10 牛 10 羊 7～10 鱼类 3～6	仔猪（≤25 kg）125 牛： 一开始反刍之前的犊牛 15 其他牛 30 绵羊 15 山羊 35 甲壳类动物 50 其他动物 25 （单独或同时使用）
			CuSO₄·5H₂O	化学制备	≥98.5	≥25.1			
	碱式氯化铜	Basic copper chloride	Cu₂(OH)₃Cl	化学制备	≥98.0	≥58.1			

73 > 饲料原料玉米中的黄曲霉毒素 B_1 检测结果为 36.5 μg/kg，按照 GB 13078—2017《饲料卫生标准》判定，该产品合格吗？

答：首先确定所用的检测方法是 GB 13078—2017《饲料卫生标准》要求的 NY/T 2071，其次该结果是以 88% 的干物质折算过的。如果黄曲霉毒素 B_1 的检测结果 36.5 μg/kg 是采用 NY/T 2071《饲料中黄曲霉毒素、玉米赤霉烯酮和 T-2 毒素的测定液相色谱—串联质谱法》检测的，且是按 88% 干物质折算过的，那可以按照 GB 13078—2017 进行判定。玉米属于"其他植物性饲料原料"，黄曲霉毒素 B_1 限量≤30 μg/kg。如果不引用 GB/T 18823—2010《饲料检测结果判定的允许误差》时，该玉米样品判定为"不合格"。要是双方约定检测结果可以按照 GB/T 18823 进行误差判定，判定后的限值≤39 μg/kg，则该玉米样品判定"合格"。此处应注意玉米属于"其他植物性饲料原料"，不属于"玉米加工产品"。

GB 13078—2017《饲料卫生标准》"前言"中说明：黄曲霉毒素 B_1 在饲料原料中的限量分别按照"玉米加工产品、花生饼（粕）""植物油脂（玉米油、花生油除外）""玉米油、花生油"和"其他植物性饲料原料"列示，将"玉米""棉籽饼（粕）、菜籽饼（粕）""豆粕"并入"其他植物性饲料原料"。

74 > GB 13078—2017《饲料卫生标准》中未规定玉米赤霉烯酮、赭曲霉毒素等在浓缩饲料中的限量，是按添加量折算后对应相应配合饲料或全混合日粮判定，还是不判定？

答：不判定。也不能折算后再判定。GB 13078—2017《饲料卫生标准》中对玉米赤霉烯酮和赭曲霉毒素的规定如下表所示。

GB 13078—2017《饲料卫生标准》（节选）

项目	产品名称		限量	试验方法
赭曲霉毒素 A（μg/kg）	饲料原料	谷物及其加工产品	≤100	GB/T 30957
	饲料产品	配合饲料	≤100	
玉米赤霉烯酮（mg/kg）	饲料原料	玉米及其加工产品（玉米皮、喷浆玉米皮、玉米浆干粉除外）	≤0.5	NY/T 2071
		玉米皮、喷浆玉米皮、玉米浆干粉、玉米酒糟类产品	≤1.5	
		其他植物性饲料原料	≤1	
	饲料产品	犊牛、羔羊、泌乳期精料补充料	≤0.5	
		仔猪配合饲料	≤0.15	
		青年母猪配合饲料	≤0.1	
		其他猪配合饲料	≤0.25	
		其他配合饲料	≤0.5	

75 › 抗球虫药可以在商品饲料中使用，限量值是否按照农业农村部公告第 246 号的附件中兽药质量标准的用法用量要求执行？可以使用的动物种类如何确认？

答：必须按照该兽药的质量标准执行。兽药质量标准中标示的动物种类以外，都是禁止的。

76 › 金霉素预混剂作为抗生素，被列在农业农村部公告第 246 号附件 3 中，可以添加到商品饲料中吗？可以作为抗球虫物质添加吗？

答：不可以添加到商品饲料中，也不可以作为抗球虫物质添加。

农业农村部公告第 246 公告附件 3 中《金霉素预混剂说明书》：

【作用与用途】抗生素类药。用于治疗断奶仔猪腹泻；治疗猪气喘病、增生性肠炎等。

与修订前的说明书（2017 年版兽药质量标准）相比，删除了"用于肉鸡、仔猪促生长"，保留了抗生素功能，且由"兽用非处方药"改为"兽用处方药"。

第八章
CHAPTER 8

进口登记、进出口管理及服务

77〉 进口的饲料和饲料添加剂产品允许分装再销售吗？

答：原则上不可以。

（1）《进出口饲料和饲料添加剂检验检疫监督管理办法》规定：

第二十五条 进口饲料包装上应当有中文标签，标签应当符合中国饲料标签国家标准。

散装的进口饲料，进口企业应当在海关指定的场所包装并加施饲料标签后方可入境，直接调运到海关指定的生产、加工企业用于饲料生产的，免予加施标签。

国家对进口动物源性饲料的饲用范围有限制的，进入市场销售的动物源性饲料包装上应当注明饲用范围。

（2）《饲料和饲料添加剂管理条例》中对销售也有相关规定：

第二十三条 饲料、饲料添加剂经营者进货时应当查验产品标签、产品质量检验合格证和相应的许可证明文件。

饲料、饲料添加剂经营者不得对饲料、饲料添加剂进行拆包、分装，不得对饲料、饲料添加剂进行再加工或者添加任何物质。

第二十四条 向中国出口的饲料、饲料添加剂应当包装，包装应当符合中国有关安全、卫生的规定，并附具符合本条例第二十一条规定的标签。

向中国出口的饲料、饲料添加剂应当符合中国有关检验检疫的要求，由出入境检验检疫机构依法实施检验检疫，并对其包装和标签进行核查。包装和标签不符合要求的，不得入境。

78 > 甜菜粕散装进口，国内分销商分装销售，分销商有营业执照。但关于甜菜粕的生产资质没有提供。是不是跟乳清粉一样，也不用《进口饲料登记证》？

答：是的。依据《饲料原料目录》，甜菜粕和乳清粉一样都不属于"单一饲料"，就不用办理《进口饲料登记证》。

《进出口饲料和饲料添加剂检验检疫监督管理办法》适用于进口、出口及过境饲料和饲料添加剂的检验检疫和监督管理。《进口饲料和饲料添加剂登记管理办法》中所称饲料，是指经工业化加工、制作的供动物食用的产品，包括单一饲料、添加剂预混合饲料、浓缩饲料、配合饲料和精料补充料。

一般，进口饲料和饲料添加剂要满足以下法律法规要求：

（1）《中华人民共和国进出境动植物检疫法》及其实施条例、《中华人民共和国食品安全法》及其实施条例、《中华人民共和国进出口商品检验法》及其实施条例。

（2）《农业转基因生物安全管理条例》。

（3）《进出口饲料和饲料添加剂检验检疫监督管理办法》。

（4）《进口饲料和饲料添加剂登记管理办法》及其配套文件。

（5）中华人民共和国与出口国或地区之间的法律文书，比如议定书、谅解备忘录等。

同时，需要特别强调：作为使用方一定要注意进口甜菜粕和乳清粉是否符合 GB 10648—2013《饲料标签》、GB 13078—2017《饲料卫生标准》《饲料原料目录》等强制性要求。

《饲料原料目录》中对于甜菜物和乳清粉的相关要求节选如下。

《饲料原料目录》（节选）

原料编号	原料名称	特征描述	强制性标识要求
4.11.1	甜菜粕［渣］	藜科甜菜属甜菜（*Beta vulgaris* L.）的块根制糖后的副产品，由浸提或压榨后的甜菜片组成	粗纤维 粗灰分 水分
4.11.2	甜菜粕颗粒	以甜菜粕为原料，添加废糖蜜等辅料经制粒形成的产品	粗纤维 粗灰分 水分
8.5.1	乳清粉	以乳清为原料经干燥制成的粉末状产品。产品须由有资质的乳制品生产企业提供	蛋白质 粗灰分 乳糖

79 > 什么叫"自由销售证明"或"自由销售证明书"？

答：提供"自由销售证明"或"自由销售证明书"是一种国际贸易惯例和通用做法。自由销售证明书，又叫出口销售证明书（Certificate of Free Sale，CFS），简称 CFS 证明书。具体是指我国出口商应国外客户要求而根据所出口产品的种类向相关主管部门或社会组织申请出具的用于证明所出口的货物能被进口目的国或地区所承认且具有一定合法有效的自由销售证明书。国外客户获得 CFS 证明书后，该产品才可能在进口目的国或地区内进行销售。

CFS 证明书没有固定的格式。出具 CFS 证明书的单位也承担相应法律责任。

比如：饲料和饲料添加剂产品自由销售证明（参考样式）

No. ××××（年份）—×××××（序号）

饲料和饲料添加剂产品自由销售证明
Certificate of Free Sale
（参考样式）

依据中国《饲料和饲料添加剂管理条例》规定，××省（自治区、直辖市）××××厅（局、委、办）负责饲料和饲料添加剂的监督管理工作。兹证明×××××××××（生产厂家名称）（生产地址：×××××××××）已依法取得饲料和饲料添加剂生产许可（或依法不需要办理饲料和饲料添加剂生产许可）。产品生产所用原料在中国相关法律法规允许范围内，允许在中国自由销售并出口到××（目的国）。（如果出口目的地为港澳台地区，可表述为：允许在中国内地自由销售并销往中国香港/澳门/台湾）。

According to the Regulations on the Administration of Feed and Feed Additives of P. R. China, ××××××（发证单位英文名称）is responsible for the supervision and management of feed and feed additives. This is to certify that ××××××（生产厂家英文名称）located at ××××××（英文生产地址）has obtained the production license of feed and feed additives in accordance with the law（or is not required to register the production license of feed and feed additives in accordance with the law）. The ingredients of the product（s）comply with the relevant laws and regulations of China. The product（s）is/are permitted to be freely sold in China and sold to ××（目的国）（如果出口目的地为港澳台地区，可表述为 The product（s）is/are permitted to be freely sold in Chinese mainland and sold to Hong Kong/ Macao/ Taiwan）

产品信息表

生产许可证号 Production License Number	产品名称 Name of the Product	产品类别 Product Classification	产品批准文号 Product Approval Document Number

本证明仅确认该产品生产的合法合规性，产品质量由生产企业承担主体责任。

This certificate only confirms the legality and compliance of the production of the product(s). The manufacturer is responsible for the product(s)quality.

Director：＿＿＿＿＿＿＿＿（签字）

单位名称：＿＿＿＿＿＿＿＿＿

单位英文名称：＿＿＿＿＿＿＿

签署日期：＿＿＿＿＿（英文格式）

80 ＞ 进口饲料和饲料添加剂时，是否也需要输出国家或地区提供"自由销售证明"或"自由销售证明书"？

答：需要。《进口饲料和饲料添加剂登记申请材料要求》中规定：生产地官方机构出具的自由销售证明，证明应包含产品的商品名称、生产企业名称和地址等内容，并声明该产品在生产地生产、销售和使用不受限制。

《进出口饲料和饲料添加剂检验检疫监督管理办法》第十一条

规定：境外生产企业应当符合输出国家或者地区法律法规和标准的相关要求，并达到与中国有关法律法规和标准的等效要求，经输出国家或者地区主管部门审查合格后向海关总署推荐。推荐材料应当包括：

（一）企业信息：企业名称、地址、官方批准编号；

（二）注册产品信息：注册产品名称、主要原料、用途等；

（三）官方证明：证明所推荐的企业已经主管部门批准，其产品允许在输出国家或者地区自由销售。

例如，以下是日本农林水产省出具的饲料自由销售证明。

CERTIFICATE OF FREE SALE

Declaration Number：＿＿＿＿＿＿

This is certifying，not pertaining to a particular production lot or export consignment，that the under-mentioned products are readily available for sale in Japan without restriction

1. Manufacturer：

2. Address：

3. Kind of product：

4. Product name(s)：

Invoice No.：＿＿＿＿＿＿＿＿

Date of Issue：＿＿＿＿＿＿＿＿

SIGNATURE：＿＿＿＿＿＿＿＿

（For the authorized officer at the following competent authority）

Name of authorized officer at competent authority：

（Stamp of competent authority）

Competent authority.

相对而言，日本出具饲料、宠物食品、饲料添加剂的自由销售证明的过程比较复杂。而且强调如果目的国或地区没有要求提供自由销售证明，他们是不会出具该证明的。

第九章

饲料质量安全管理规范

81 > 豆粕的蛋白溶解度和脲酶的关系是否可以互相佐证?

答:依据《饲料原料目录》,豆粕的特征描述:大豆经预压浸提或直接溶剂浸提取油后获得的副产品;或由大豆饼浸提取油后获得的副产品;或大豆胚片经膨胀浸提制油工艺提取油后获得的产品。可经瘤胃保护。

依据 GB/T 19541—2017《饲料原料 豆粕》的规定,豆粕的蛋白溶解度(KOH)≥73.0%。这个值更大程度上是反映大豆原料的品质情况。比如,夏季环境温度高,也是巴西大豆的销售旺季,在长途海运进口到中国的过程中大豆的品质是否保持良好? 是否发生碳化、霉变决定了 KOH 值的高低。之所以国标规定了下限,是因为这个值过低会直接影响动物对豆粕的消化吸收和动物的生长速度。

脲酶(UA)值是表示豆粕加工的生熟程度的另一个指标,GB/T 19541—2017《饲料原料 豆粕》规定脲酶值≤0.30 U/g。它是因为大豆加工成豆粕的过程中的调制器温度影响所致。饲料生产企业在验收豆粕时,品控人员偶尔会用脲酶(UA)值校验一下 KOH 的检测结果。其实没有太大的道理和意义,两者的检验结果之间没有多大相关性。

82 〉 GB/T 23736—2009《饲料用菜籽粕》的要求存放在"阴凉"。一般认为阴凉是指温度在 20℃以下。这个温度夏天的正常温度是达不到。作为原料采购单位和油厂该如何在饲料标签上标示"贮存条件"的要求？

答：GB/T 23736—2009《饲料用菜籽粕》7.4 贮存：产品应贮存在阴凉、通风、干燥的地方，防潮、防霉变、防虫蛀。严禁与有毒、有害物质混放。

理论上说，需要在低温或阴凉条件下保存的原料，其库房内应有监控设施，如温度计、空调等设施，对库房温度进行实时监控。若监控中发现实际温度超出了设定温度范围时，应当采取有效措施及时处置，并尽快恢复到设定的温度范围。监控频次由企业自行确定。但实际上，饲料原料筒仓、库房，受环境温度、湿度影响较大。不同地方、不同季节，影响程度也不同。

菜籽粕这个国家标准也是 2009 年编制的，该标准也需要更新和与时俱进。例如参照 GB/T 19541—2017《饲料原料　豆粕》7.4 贮存：在通风、干燥处贮存，不得与有毒有害物品或其他有污染的物品混合贮存。

另外，建议做一下"保质期实验"，观察菜籽粕、豆粕或其他粕等饲料原料在不同贮存条件、不同贮存方法下的质量安全（品质）指标的变化情况，依此作为贮存条件的参考依据。可以借鉴中国食品工业协会团体标准 T/CNFIA 001—2017《食品保质期通用指南》。

83 〉 为什么要对添加比例小于 0.2% 的原料进行预混合？

答：《饲料质量安全管理规范》第二十一条规定：企业应当对生产配方中添加比例小于 0.2% 的原料进行预混合。

将添加比例小于 0.2% 的原料直接在主混合机中混合，存在混合不均匀的风险。一是达不到添加该原料的效果，浪费了原料资源，增加了原料成本；二是可能导致动物的不良反应，甚至死亡。现实中，就发现有些配合饲料生产企业把添加比例万分之几的兽药直接添加到主混合机中，结果养殖场户没有感受到该兽药在发挥作用。

现实中，一些饲料生产企业没有发挥预混合机的作用。

84 › 饲料法规对"小料配料"有哪些规定？

答：《饲料质量安全管理规范》第十六条规定：小料配料记录，包括小料名称、理论值、实际称重值、配料数量、作业时间、配料人等信息。以下是小料配料记录的参考格式。

小料配料记录

产品名称：		小料配方编号：												作业时间（年、月、日）：		
小料名称	理论值（kg）	实际称重值（批次，kg）												累计称重量（kg）		
		1	2	3	4	5	6	7	8	9	10	11	12			
合计（每批小料重量，kg）																
配料人；		生产负责人：								配料数量（批）						

《饲料质量安全管理规范》第二十一条规定：企业应当对生产配方中添加比例小于 0.2% 的原料进行预混合。

《饲料质量安全管理规范》第十五条规定：小料预混合岗位操作规程，规定载体或者稀释剂领取、投料顺序、预混合时间、预混合产品分装与标识、现场清洁卫生、小料预混合记录等内容。以下是小料预混合记录的参考格式。

小料预混合记录

生产日期（年、月、日）：				混合时间（秒）：				
小料批次	产品名称（料号）	小料名称	小料重量	载体或稀释剂		预混合产品分装		作业时间（时、分）
			每批（kg）	名称	每批重量（kg）	包重（kg）	包数	
操作人：	班组负责人：			生产负责人：				

一些饲料生产企业要么没有配备小料预混合机，要么把小料预混合机当成"摆设"。其实这种做法是企业自己害自己。该进行预混合的时候，省略预混合，会造成"核心"配方的严重失真，造成一些饲料添加剂或兽药没有发挥作用。部分企业对"添加比例小于0.2%的原料"的理解有偏差，一种错误理解是认为多种原料的添加比例加起来大于0.2%，所以就不考虑预混合环节了。

85 > 配料秤的基本要求、选用条件及影响配料精度的因素有哪些？

答：配料秤的基本要求：正确性、不变性、稳定性和灵敏性。稳定性是指配料秤的平衡状态被破坏以后，是否能迅速恢复平衡或者恢复平衡需要多长时间。灵敏性是指配料秤上的平衡指示器的线位移或角位移与引起位移的被测量值变动量的比值。

配料秤的选用条件：①具有良好稳定性、实现快速、准确的称量；②在保证配料精度的前提下，结构简单，使用可靠，维修方便；③具有较好的适应性，不但能适应多品种、多配比的变化，而且能够适应环境及工艺变化；④便于实现生产过程的实时监控和生产管理的自动化。

影响配料精度的因素如下。

（1）饲料配方。

对饲料配方的要求：配方折算成每批投料量后，低于配料秤最小量值时，该种原料就应采用手加料口投料，例如添加剂预混料。如果配方折算后，数值不符合配料秤计量显示分度值要求，则应该对配方进行调整，即修订。

（2）配料秤的影响。

配料秤静态精度：配料秤静态精度高，其动态精度也高。

配料秤的响应速度：对于电子配料秤，响应速度是指当称量值变化时，称量系统将此变化值反映出来的时间。时间越长，动态精度越难于保证。对于电子秤，响应速度是数显表采集称重值的频率，频率高动态精度就可能高。配料秤灵敏度也高。

（3）供料器。

供料器的供料速度、慢加料方式、供料均匀性等，会影响配料精度。供料速度越快，越难于控制配料质量，流动性较好的物料，喂料器出口设置倾角（3°～5°）或增加井字形焊接，避免物料崩塌。

（4）饲料原料。

饲料原料容重：原料容重越大，误差越大。

饲料原料流动性：原料流动性过强，调整供料器供料量难度增加。生产中，甚至是停止供料器工作，也有因为配料仓内物料压力而使原料向供料器加料的现象出现。

（5）空中料柱。

空中料柱：从供料器出口到物料重量被称重传感器采集到之前的空中物料。空中料柱的重量受以下因素影响。①供料器到秤斗距离。距离越大，空中料柱越大。一般来说，配料秤所对应的配料仓越多，供料器出口到秤斗的距离就越大。②物料容重。物料容重越大，空中料柱重量越大。③配料顺序。配料过程中，配比量小的原料如果先配料，秤斗底部与供料器出口距离越大，空中料柱越大。④供料均匀性。供料器供料不均匀，空中料柱很难被配料软件估算并加以及时修正。必须合理配置供料器及其相应制造参数。⑤供料器供料速度。供料速度越大，空中料柱越大。应合理设计慢加料方式，否则对配料质量影响很大。

（6）配料系统设计。

配料系统的自适应能力：配料系统对物料、配方应该有一定的适应及调节能力。

配料混合系统的缓冲设施：配料混合系统间应设置压力缓冲系统，以避免物料对混合机的冲击及避免秤斗出现短时真空现象，最大限度保证配料精确度。

（7）配料秤生产能力。

配料秤分批配料时，每批物料的称重能力应与相应混合机的混合能力相同。或者说，配料系统总的生产能力应略高于混合系统的生产能力。分批配料的周期一般包括进料、称重、开秤斗门、排料、关秤斗门所需的时间。

（8）环境因素。

影响配料系统精确度的饲料厂环境因素包括：温度、湿度、振动、电磁干扰、粉尘等。其中温度、湿度是主要因素。由于温度变化，导线电阻值变化，使传感器输入电压发生变化，影响传感器输出电压；数显表受温度变化而引起放大器工作点发生变化，产生零点漂移和放大倍数变化，影响显示值的准确性；潮湿使导线绝缘性变差，潮湿引起电器元件的变化等都可能会影响传感器、数显表及计算机系统工作状态。

86 > 实际生产中发现有些饲料原料或饲料添加剂的配料误差较大，主要是什么原因造成的？如何减少配料误差？

答：配料精度直接影响配方的"保真"生产，"保真"也就是真正按配方的各种原料或添加剂的比例进行精准配料。当然精准配料是保真生产的前提和核心，不是全部内涵。广义的配料，包括小料配料和大料配料。完整的小料配料过程包括小料称量、预混合、小料投料与复核等。多数饲料生产企业采用人工配小料的方式。微量配料秤也逐步得到推广应用。大料配料就是通常所说的计算机自动配料。

对于小料配料，由于主要是人工方式，所以操作工人的责任心和企业的品控水平是关键。容易出现的问题：一是把不同的饲料添加剂"张冠李戴"；二是在混合机的小料投料口，把不同配方对应的小料"张冠李戴"。所以小料称量时的复核和投料时的复核很重要。有些饲料生产企业通过故意设计不同配方对应小料的重量不同来提高小料投放时的复核效果。个别企业也采用在小料投料口下加"复核秤"的方式保证复核结果。

有些企业也会根据配方的实际情况，采用 2 台或甚至 2 台以上的不同量程的称重电子秤。有条件的企业也可以采用条形码或二维码生产追溯系统。

87 > 每天要检测很多样品，每个样品都写一行仪器使用记录太浪费时间了。可以每天只写一次仪器使用记录吗？

答：不可以。如果每天只写一次记录那就不叫记录了，要理解记录的意义。做几次写几次，及时记录。每个时间段的测试项目和样品明细都得记录清楚。记录的意义是可追溯，实事求是地记录检测过程，以便后期分析查找原因。如果样品称量环节出问题了，后面的检测就没有意义了。

（1）《饲料质量安全管理规范》第二十九条规定：企业应当根据仪器设备配置情况，建立分析天平、高温炉、干燥箱、酸度计、分光光度计、高效液相色谱仪、原子吸收分光光度计等主要仪器设备操作规程和档案，填写并保存仪器设备使用记录：

（一）仪器设备操作规程应当规定开机前准备、开机顺序、操作步骤、关机顺序、关机后整理、日常维护、使用记录等内容；

（二）仪器设备使用记录应当包括仪器设备名称、型号或者编号、使用日期、样品名称或者编号、检验项目、开始时间、完毕时间、仪器设备运行前后状态、使用人等信息；

（三）仪器设备应当实行"一机一档"管理，档案包括仪器基本信息表（名称、编号、型号、制造厂家、联系方式、安装日期、投入使用日期）、使用说明书、购置合同、操作规程、使用记录等内容。

以下是仪器设备使用记录的参考格式。

仪器设备使用记录

仪器设备名称：　　　　　　　　仪器设备型号或编号：
温度要求：　　　　　　　　　　湿度要求：

使用日期	样品名称或编号	检验项目	开始时间	完毕时间	仪器设备运行状态		温度（℃）	相对湿度（%）	使用人	备注
					运行前	运行后				

（2）从检验化验室管理的角度，可以参考 GB/T 27025—2019《检测和校准实验室能力的通用要求》7.5　技术记录。

7.5.1 实验室应确保每一项实验室活动的技术记录包含结果、报告和足够的信息，以便在可能时识别影响测量结果及其测量不确定度的因素，并确保能在尽可能接近原条件的情况下重复该实验室活动。技术记录应包括每项实验室活动以及审查数据结果的日期和责任人。原始的观察结果、数据和计算应在观察或获得时予以记录，并应按特定任务予以识别。

7.5.2 实验室应确保技术记录的修改可以追溯到前一个版本或原始观察结果。应保存原始的以及修改后的数据和文档，包括修改的日期、标识修改的内容和负责修改的人员。

88 › 近红外光谱分析仪一般用于检测饲料中的什么成分?

答：该仪器基于近红外光谱区的漫反射或 / 和透射进行检测，其光谱区包括：近红外全谱区 770～2 500 nm，或全谱区内的某段光谱范围，或是选择的波长或波数。光学原理可是色散型、干涉型或非热型等。主要检测对象为有机物。

一般用于饲料原料和饲料成品的营养指标和部分新鲜度指标检测。不适用于卫生指标的检测，比如霉菌毒素、重金属、农药残留、兽药残留等。可以检测的营养指标含量范围在 0.1%～99.9%。

对饲料添加剂而言，如维生素、色素等，可以使用近红外光谱分析仪进行检测，但无机矿物元素添加剂，如石粉、膨润土等，一般不推荐使用近红外光谱分析仪检测其主成分含量；对于饲用油脂而言，可以检测油脂中水分、酸价、过氧化值、脂肪酸等主要指标，但不适宜检测皂化值、不皂化物。

近红外光谱分析技术非常依赖近红外定标模型，而建立可靠的定标模型需要大量的具有代表性的真实样品以及准确的湿化学测定值。在进行湿化学测定前，建议利用显微镜检查等方法鉴别一下所采集样品的真实性。然后采集这些样品的近红外光谱，按照化学计量学方法建立、优化和验证定标模型。没有定标模型，近红外光谱分析仪是不能进行定量检测的。

89 > 产品出厂检验时可以用近红外光谱分析仪检测吗？

答：尽管近红外光谱分析仪不是《饲料生产企业许可条件》规定必须配备的专用检验仪器，但有不少的企业采用近红外光谱分析仪对饲料产品进行快速检测。如果想把近红外光谱分析法的检测结果作为出厂检验的依据，那么，就应当在产品质量标准中把近红外光谱分析法也列为检测方法的一种。比如仔猪配合饲料产品中粗蛋白质指标，企业希望采用 GB/T 18868—2002《饲料中水分、粗蛋白质、粗纤维、粗脂肪、赖氨酸、蛋氨酸快速测定 近红外光谱法》的检验结果作为出厂检验的依据，就应该把 GB/T 6432—2018《饲料中粗蛋白质的测定 凯氏定氮法》和 GB/T 18868 都在企业的产品质量标准中引用，并把 GB/T 6432 注明为仲裁法。否则的话，就不能把近红外光谱法的检测结果作为出厂检验的依据。

近红外光谱分析仪的定标模型不是一劳永逸的，一定要注意定标模型运行性能的监控，也就是应持续选用根据仪器确证方法赋值的监控样品进行验证，以确保定标处于稳定的最优状态并满足准确性要求。定标模型的验证和优化，对于集团公司多台近红外光谱分析仪联网使用尤为重要。

90 > 饲料法规对"留样"有哪些规定？

答：《饲料和饲料添加剂管理条例》第十八条规定：饲料、饲料添加剂生产企业，应当按照产品质量标准以及国务院农业行政主管部门制定的饲料、饲料添加剂质量安全管理规范和饲料添加剂安全使用规范组织生产，对生产过程实施有效控制并实行生产记录和产品留样观察制度。

《饲料和饲料添加剂管理条例》第四十一条规定：饲料、饲料添加剂生产企业不依照本条例规定实行采购、生产、销售记录制度或者产品留样观察制度的，由县级以上地方人民政府饲料管理部门责令改正，处 1 万元以上 2 万元以下罚款；拒不改正的，没收违法所得、违法生产的产品和用于违法生产饲料的饲料原料、单一饲料、饲料添加剂、药物饲料添加剂、添加剂预混合饲料以及用于违法生产饲料添加剂的原料，处 2 万元以上 5 万元以下罚款，并可以由发证机关吊销、撤销相关许可证明文件（注：目前已经没有"药物饲料添加剂"的概念，《饲料和饲料添加剂管理条例》正在修订中）。

《饲料生产企业许可条件》规定：检验化验室应当包括天平室、前处理室、仪器室和留样观察室等功能室，使用面积应当满足仪器、设备、设施布局和检验化验工作需要。留样观察室有满足原料和产品贮存要求的样品柜。

《饲料质量安全管理规范》第三十二条规定：企业应当建立产品留样观察制度，对每批次产品实施留样观察，填写并保存留样观察记录：

（一）留样观察制度应当规定留样数量、留样标识、贮存环境、观察内容、观察频次、异常情况界定、处置方式、处置权限、到期样品处理、留样观察记录等内容；

（二）留样观察记录应当包括产品名称或者编号、生产日期或者批号、保质截止日期、观察内容、异常情况描述、处置方式、处置结果、观察日期、观察人等信息。

留样保存时间应当超过产品保质期 1 个月。

91 > 饲料生产企业在"留样"方面存在的主要问题有哪些？

答：无论对于保护饲料生产者的利益，还是保护经营者和使用者的合法权益，饲料产品留样和饲料原料留样都具有非常重要的意义。现实中，"留样"方面存在的主要问题：厂区规划设计时忽略了留样观察室，造成贮存环境不满足要求；留样数量不满足产品检验和留样观察的要求，无法发挥作为检验能力验证的作用；留样观察记录流于形式，无法发挥作为制定产品保质期提供基本依据的作用；到期留样不及时报废处理，影响留样的贮存和观察。

92 > GB 13078—2017《饲料卫生标准》是否适用于"养殖者自行配制饲料"？

答：不适用。GB 13078—2017《饲料卫生标准》规定了饲料原料和饲料产品中的有毒有害物质及微生物的限量及试验方法。但养殖者自行配制饲料时，所用的饲料原料的卫生指标要符合《饲料卫生标准》。

《饲料和饲料添加剂管理条例》第二十五条规定：养殖者使用自行配制的饲料的，应当遵守国务院农业行政主管部门制定的自行配制饲料使用规范，并不得对外提供自行配制的饲料。

为规范养殖者自行配制饲料的行为，保障动物产品质量安全，农业农村部按照《饲料和饲料添加剂管理条例》有关要求，发布了农业农村部公告第 307 号。

93 > 养殖者自行配制饲料中霉菌毒素可以参照 GB 13078—2017《饲料卫生标准》进行判定吗？

答：GB 13078—2017《饲料卫生标准》只适用于该标准所涉及的饲料原料和饲料产品。养殖者自行配制饲料不是商品饲料，因此不能参照该标准进行判定。但养殖者可以参考该标准对其自行配制的饲料的安全风险进行评估。但是生产自配料所用的饲料原料的真菌毒素等卫生指标必须符合 GB 13078。农业农村部公告 2020 年第 307 号也有相关规定：养殖者应当遵守我部公布的有关饲料原料和饲料添加剂的限制性使用规定。

94. NY/T 1444—2007《微生物饲料添加剂技术通则》和 GB/T 23181—2008《微生物饲料添加剂通用要求》都提到安全性，饲料生产企业和养殖场户采购微生物饲料添加剂时需要注意什么？

答：NY/T 1444—2007《微生物饲料添加剂技术通则》适用于在畜禽水产饲料中使用的微生物饲料添加剂，不适用于在饲料中使用的转基因微生物。

GB/T 23181—2008《微生物饲料添加剂通用要求》适用于微生物饲料添加剂，不适用于转基因微生物饲料添加剂。该标准规定了功能菌株的安全性要求。

（1）由具有资质的部门完成微生物饲料添加剂功能菌株的常规耐药性实验。

（2）由具有资质的部门完成微生物饲料添加剂功能菌株的毒理学实验。

（3）微生物饲料添加剂的生产、加工过程不应受环境污染或对环境造成污染。

从技术上和安全性上看，微生物发酵类产品是有潜在安全风险的。需要关注微生物发酵类产品及其生产菌株的安全性风险，比如菌株致病性、耐药性、产毒性、代谢安全性等潜在风险。现实中，多菌种发酵混合饲料原料的合规性、安全性、质量稳定性都需要重点关注。

第十章

宠物饲料管理

95 > 宠物饲料（食品）生产企业使用的原料和添加剂只能是《饲料原料目录》和《饲料添加剂品种目录》这两个目录中的吗？

答：《宠物饲料管理办法》（农业农村部公告第 20 号）中规定，禁止使用《饲料原料目录》和《饲料添加剂品种目录》以外的任何物质生产宠物饲料。这一点确定了宠物饲料（食品）生产中只能使用这两个目录中的物质。同时还需要注意两个方面，一是使用这两个目录还需要关注适用范围的限定说明，宠物饲料遵循养殖动物和犬猫范围，也就是说批准了可以在养殖动物和犬猫中使用的物质在宠物饲料生产中均可以使用。如果只批准部分动物使用，比如胆汁酸，只能在肉仔鸡、断奶仔猪和淡水鱼中使用，宠物饲料（食品）生产中不可以使用。二是使用饲料添加剂还需要遵循《饲料添加剂安全使用规范》（农业部公告第 2625 号）中关于添加剂使用的最高限量要求。

如果想把一些好的原料和添加剂申请加入这两个目录，可以按照农业农村部公告第 226 号和第 227 号的要求进行相关材料准备和申请。

96 〉《宠物饲料标签规定》附录 8 中犬用宠物饲料产品能量值计算方法"示例"是否有误?

答:《宠物饲料标签规定》附录 8 中犬用宠物饲料产品能量值计算方法原文如下:

一、犬用宠物饲料产品能量值计算方法(每 100 g 产品中)

(一)总能(GE)计算

总能(kcal)= 5.7×粗蛋白质克数 + 9.4×粗脂肪克数 + 4.1×(无氮浸出物克数 + 粗纤维克数)

(二)能量消化率(%)计算

能量消化率(%)= 91.2–1.43×干物质中粗纤维所占百分比数

(三)消化能(DE)计算

消化能(kcal)= GE×能量消化率(%)

(四)代谢能(ME)计算

代谢能(kcal)= DE–1.04×粗蛋白克数

(五)单位换算

1 kcal = 4.186 kJ

示例:

以 100 g 犬用配合饲料产品为例计算其能量值,其中含 80 g 水分、7 g 粗蛋白质、4 g 粗脂肪、3 g 粗灰分、1 g 粗纤维和 5 g 无氮浸出物

GE(kcal)= 5.7×7 + 9.4×4 + 4.1×(1+5)= 102.1

$$干物质中粗纤维所占百分比数 = \frac{1}{100-80} \times 100 = 5$$

能量消化率(%)= 87.9–(0.88×5)= 83.5%

DE(kcal)= 102.1×83.5% = 85.3

ME(kcal)= 85.3–0.77×7 = 79.9

ME（kJ）=79.9×4.186=334.5

上述示例有误，正确如下。

示例：

以 100 g 犬用配合饲料产品为例计算其能量值，其中含 80 g 水分、7 g 粗蛋白质、4 g 粗脂肪、3 g 粗灰分、1 g 粗纤维和 5 g 无氮浸出物。

GE（kcal）=5.7×7+9.4×4+4.1×（1+5）=102.1

$$干物质中粗纤维所占百分比数=\frac{1}{100-80}\times100=5$$

能量消化率（%）=91.2-1.43×5=84.05

DE（kcal）=102.1×84.05%=85.82

ME（kcal）=85.82-1.04×7=78.54

ME（kJ）=78.54×4.186=328.768

97 ▷ 《宠物饲料标签规定》规定"宠物添加剂预混合饲料产品成分分析保证值至少应当标示水分和产品中所添加的主要营养饲料添加剂，标识参照附录 4"，附录 4 指宠物配合饲料的标识。宠物添加剂预混合饲料（宠物营养补充剂）是否同畜禽添加剂预混合饲料一样标示维生素和氨基酸的成分分析保证值，还是同附录 4 一样标示粗蛋白质、粗脂肪、粗纤维、水分、粗灰分、钙、总磷、氯化物、氨基酸。以下宠物饲料的标签合规吗？

宠物营养补充剂

×××颗粒

本产品符合宠物饲料卫生规定

本产品不得饲喂反刍动物

原料组成：蛋黄粉、鱼粉、谷朊粉、鱼油等

添加剂组成：牛磺酸、赖氨酸、维生素 A、维生素 C 等

产品成分分析保证值：粗蛋白质≥18%；粗脂肪≥7%；粗纤维
≤6%

生产许可证编号：×饲预（2020）10000

生产商生产及注册地址：（A 公司）

运营商：（B 公司）

《宠物饲料管理办法》第二条规定：宠物添加剂预混合饲料，是指为满足宠物对氨基酸、维生素、矿物质微量元素、酶制剂等营养性饲料添加剂的需要，由营养性饲料添加剂与载体或者稀释剂按照一定比例配制的饲料。

《宠物饲料标签规定》第五条（二）规定：宠物添加剂预混合饲料的通用名称应当标示"宠物添加剂预混合饲料""补充性宠物食品"或者"宠物营养补充剂"，并标示适用动物种类和生命阶段。

（1）"××××××颗粒"有点像药名。

（2）从生产合规性上讲，上述 B 公司不能委托生产宠物饲料。经查，B 公司是一家办理了饲料生产许可证的公司，且 B 公司的生产许可证的"产品品种"不包括"宠物"。

（3）从上述原料组成和添加剂组成看，上述产品更像宠物配合饲料。另外，宠物添加剂预混合饲料与畜禽的添加剂预混合饲料有关联，又有所不同。附录 4 的确是以"宠物配合饲料"为例。宠物添加剂预混合饲料可以参考附录 4 这种形式，而不是其中的"粗蛋白质""粗脂肪""粗纤维"等内容。

附录 4　宠物配合饲料产品成分分析保证值
至少应当包括的项目及标示要求（节选）

项目	要求	标示方法
粗蛋白质	最小值	≥，或者不小于，或者至少
粗脂肪	最小值；对于进行低脂肪声称的产品，应当同时标示其最大值	≥，或者不小于，或者至少；进行低脂肪声称的产品应当标示为：最小值≤粗脂肪≤最大值，或者粗脂肪不小于，且不大于
粗纤维	最大值	≤，或者不大于，或者至多

当然，如果《宠物饲料标签规定》能单独列出"宠物添加剂预混合饲料"的标示附录就更好了。

98 > 宠物饲料标签的"声称"如何规范？

答： 宠物饲料标签中的"声称"存在很多问题，也是投诉、监督执法的重点。要认真学习《宠物饲料标签规定》第二十条（三）、（四）、（五），把握好以下几点。

（1）所有声称的物质，必须在《饲料原料目录》和《饲料添加剂品种目录》中。

（2）声称物质必须在原料组成或者成分分析保证值中体现。

（3）声称必须具有证明材料。

（4）声称的标示需要满足法规中位置和形式的要求，其中成分声称有位置、颜色字体字号的要求，特性和功能声称只有形式的要求。

第十一章
CHAPTER 11
监督执法

99 > 饲料监督执法相关法规文件有哪些?

答: 最高人民法院、最高人民检察院关于办理非法生产、销售、使用禁止在饲料和动物饮用水中使用的药品等刑事案件具体应用法律若干问题的解释(法释〔2002〕26 号)、最高人民法院、最高人民检察院关于办理危害食品安全刑事案件适用法律若干问题的解释(法释〔2013〕12 号)、农业行政许可听证程序规定(农业部令 2004 年第 35 号)、关于认定违法所得问题意见的函(农办政函〔2005〕12 号)、关于认定经营假劣饲料产品违法所得问题的复函(农办政函〔2005〕91 号)、农业部关于加强农业行政执法与刑事司法衔接工作的实施意见(农政发〔2001〕2 号)、农业部、公安部、工业和信息化部、商务部、卫生部、国家工商总局、国家质检总局和国家食品药品监管局关于印发《"瘦肉精"涉案线索移送与案件督办工作机制》的通知(农质发〔2011〕10 号)、农业部关于印发《农业行政处罚案件信息公开办法》的通知(农政发〔2014〕6 号)、关于对瑞可旺丰年虫等产品适用饲料原料问题的函(农办政函〔2015〕26 号)、农业部办公厅关于加强饲料添加剂氯化钠监管的通知(农办牧〔2016〕31 号)、农业部办公厅关于饲料企业生产冒充其他企业的产品如何处罚的复函(农办政函〔2016〕92 号)、农业农村部办公厅关于公布饲料和饲料添加剂检测任务承检机构名单等有关事宜的通知(农办牧〔2018〕23 号)、规范农业行政处罚自由裁量权办法（农业农村部公告 2019 年第 180 号）、农业农村部关于印发《农业综合行政执法事项指导目录（2020 年版）》的通知（农法发〔2020〕2 号）、农业农村部关于加强水产养殖用投入品监管的通知（农渔发〔2021〕1 号）、农业农村部畜牧兽医局关于印发《饲料和饲料添加剂生产企业现场检查表》的通知（农牧便函〔2021〕98 号）。

要关注上述法规文件的最新动态。

第十二章
CHAPTER 12
农业转基因管理

100 > 农业转基因管理相关法规文件有哪些？

答：农业转基因管理相关法规文件包括《农业转基因生物安全管理条例》（中华人民共和国国务院令 2001 年第 304 号）、《农业转基因生物加工审批办法》（中华人民共和国农业部令 2006 年第 59 号）、《农业部办公厅关于〈农业转基因生物安全管理条例〉有关规定解释意见的函》（农办政函〔2008〕21 号）、《农业转基因生物安全评价管理办法》（中华人民共和国农业部令 2002 年第 8 号）、《农业转基因生物进口安全管理办法》（中华人民共和国农业部令 2002 年第 9 号）、《农业转基因生物标识管理办法》（中华人民共和国农业部令 2002 年第 10 号）。

要关注上述法规文件的最新动态。

参考文献

常磊，赵全成，曲登峰，等，2018. 法律法规、技术规范及标准在饲料检验结果判定中的应用［J］. 中国家禽，40（16）：66-68.

李明，赵国防，2012. 饲料产品型式检验过程中发现的问题及建议［J］. 当代畜禽养殖业（5）：55-57.

刘纹芳，时胜远，郝兆军，2006. 饲料产品企业标准的编写要求及建议［J］. 饲料博览（6）：13-15.

陆静，单慧燕，侯林丛，2019. 浅谈对 GB/T 18823《饲料检测结果判定中允许误差》的理解［J］. 江西畜牧兽医杂志（5）：33-34.

吕秋威，郁恒，刘旭龙，等，2020. 不同品牌霉菌毒素检测试剂盒的质量评价［J］. 食品安全质量检测学报，11（19）：6849-6854.

农业农村部畜牧兽医局，2021. 饲料法规文件（2019）［M］. 北京：中国农业出版社.

秦超，高庆军，张玉梅，等，2015. 近几年饲料标签监测情况的分析［J］. 中国饲料（22）：40-42.

沙玉圣，胡广东，2015.《饲料质量安全管理规范》实施指南［M］. 北京：中国农业出版社.

杨莹，陆静，陈洪贵，等，2020. 饲料产品企业标准存在的问题与规范编写［J］. 食品安全质量检测学报，11（9）：2708-3713.

杨莹，陆静，严义梅，等，2020. 饲料检测结果判定依据及常见问题分析［J］. 食品安全质量检测学报，11（17）：6162-6168.

杨莹，王钦晖，陆静，等，2019. 饲料标签中存在的问题及对策［J］. 食品安全质量检测学报，10（11）：3268-3272.

于炎湖，2003. 国家标准《饲料检测结果判定的允许误差》制定与实施的有关问题［J］. 中国饲料（16）：4-5，8.

于炎湖，2005. 编制饲料产品标准时应注意的几个问题［J］. 中国饲料（1）：27-28.

于炎湖，2008. 国家标准《饲料检测结果判定的允许误差》有关实施问题的解析与探讨［J］. 中国饲料（6）：39-41.

中国合格评定国家认可委员会，2018. CNAS-CL01〈检测和校准实验室能力认可准则〉应用要求：CNAS-CL01-G001［S］.

朱占华，王冲，王连会，2006. 浅谈饲料检测结果的允许偏差与允许误差［J］. 现代畜牧兽医（8）：14-15.